普通高等教育“十三五”规划教材

石油化工产业链实物仿真实践系列教材

油气集输实物仿真实践指南

吴玉国　王卫强　刘德俊　周立峰　徐大鹏　主编

中国石化出版社

内 容 提 要

本书是针对高等院校油气储运工程专业生产实习中面临的实际问题，为在所开发与建立的油气集输实物仿真实践平台上完成实习实践教学任务而编写的教材。为突出工程教育特色，本书将虚拟仿真与真实装置有机结合，提供与生产现场一致的训练环境，以工厂化对象为背景、油气集输过程为依托、数字化高度仿真为核心、职业化规范操作为标准，以期提升学生工程能力和实践教学水平，为探索高等院校油气储运工程及相关专业的实习实践新模式提供借鉴和参考。

本书主要介绍油气集输、油库等的实训流程、内容包括：油气计量、油气分离、净化和稳定、油气外输以及油品接收、储存、发放等仿真实训项目，同时对油气集输仿真实训平台引入的DCS控制系统也进行了详尽的应用指导说明。

本书可作为高等院校油气储运工程及相关专业师生的教学用书，也可供油气储运工程行业的技术人员培训使用。

图书在版编目（CIP）数据

油气集输实物仿真实践指南／吴玉国等主编．
—北京：中国石化出版社，2016.11
ISBN 978-7-5114-4359-5

Ⅰ.①油… Ⅱ.①吴… Ⅲ.①油气集输-高等学校-教材 Ⅳ.①TE86

中国版本图书馆CIP数据核字(2016)第281154号

中国石化出版社出版发行

地址:北京市朝阳区吉市口路9号
邮编:100020　电话:(010)59964500
发行部电话:(010)59964526
http://www.sinopec-press.com
E-mail:press@sinopec.com
北京柏力行彩印有限公司印刷
全国各地新华书店经销

*

787×1092毫米16开本9.75印张2插页168千字
2016年11月第1版　2016年11月第1次印刷
定价：28.00元

《石油化工产业链实物仿真实践系列教材》
编委会

序

实践教学是高等教育教学体系的重要组成部分，是培养学生实践能力、创新创业精神的有效途径；是进一步巩固学生对所学专业知识、掌握专业技能、基本操作程序的必要环节；是培养学生理论联系实际、综合运用所学知识解决实际问题能力的重要手段。在高等教育由精英教育向大众化教育转变的大背景下，只有不断加强实践教学，才能推动创新教育，培养创新人才，确保高等教育教学人才培养质量。

随着我国石油化工产业的快速发展，对石油化工行业人才的培养规格提出了更高的要求，毕业生不但要具有扎实的理论知识，更要具有较强的动手能力和实际操作经验，能够提前熟悉石油化工行业各岗位的工作职责。辽宁石油化工大学于2012年10月，在校企共建大学生实践教育基地研讨会上，提出了“基于石油化工全产业链的实物仿真工程实践平台”建设思路，并组织相关教学单位进行广泛调研，同时聘请石油化工企业专家，详细论证其可行性，共同拟定建设方案。选择了以油气钻采、油气集输、石油加工、石油化工、精细化工等典型生产工艺过程为基础，构建了以工程集群化技术为特征，具有系统化、模块化、工程化特色的实践教育基地。基地的每个平台既相对独立，又自成体系，并且平台间相互衔接，保证充分体现石油化工产业链的全貌。

实践教育基地以石油化工主干专业链为依托，以多学科交叉、多专业共享、多功能集成、多手段教学为特征，完整实现了石油化工产业链一体化的教学过程。解决不同专业学生实习需求。建设过程中充分体现了“虚实结合、能实不虚”的建设理念，主要静设备可展示内部结构，动设备可进行拆卸组装。实现生产过程的稳态运行、开停工、方案优化、故障处理等功能。实现了“专业链与产业链、课程内容与职业标准、教学过程与生产过程全面对接”。确保实践教育基地在学生培养中发挥其独特的作用，使实践教学逐步由实验向实训转变，虚拟向现实转变，设计向制作转变，传统向创新转变，为高等教育应用型转型提供必要支撑。

为了使学生实训和企业员工培训能够更好地了解实践教育基地各平台的功能、训练过程及具体要求，我们组织编写了《石油化工产业链实物仿真实践系列教材》，包括：《油气钻采实物仿真实践指南》《油气集输实物仿真实践指南》《石油加工实物仿真实践指南》《石油化工实物仿真实践指南》《精细化工实物仿真实践指南》《化工产品智能物流实物仿真实践指南》《化工安全实物仿真实践指南》《石油化工产业链实物仿真实践指南》。

在编写教材过程中，校企双方共同参与讨论实习项目和内容的设定，知识点、专业术语表述等。同时，为了全面介绍石油化工产业链发展的新技术、新工艺，我们成立了系列教材编委会，由编委会指导各教材编写组的工作，全面把握教材的知识面和深度。

系列教材的特点：

1. 针对性强，注重学以致用。每部教材都是以平台为依托，内容具体，主线清晰。主要介绍平台的设备或装置的内部结构、功能及原理、工艺流程及操作过程。

2. 突出石油化工安全理念。石油化工行业属于高危行业，化工安全尤为重要，在教材中注重强化了学生的安全意识培养，单独把石油化工安全知识编入教材中。

3. 按课程内容与职业标准对接组织教材结构。实践教学与理论教学在内容组织上有很大区别，编写过程中注重教材内容与职业标准的对接，以职业标准为依托，专业知识够用为度，突出技能训练。

4. 强化应用能力培养。在实践能力训练上，我们参考了石油化工行业的职业标准和行业操作规范，力求以石油化工企业现场的实际操作过程组织教学。

5. 本系列教材即可作为专业学生和非本专业学生实习实训教材，也可作为企业员工培训教材。

在本系列教材的编写过程中，得到了中国石化出版社的大力支持，在此表示感谢。

由于时间仓促，加之编者水平有限，书中难免有不妥之处，恳请读者批评指正。

丛书编委会

前　言

本书是《石油化工产业链实物仿真实践系列教材》中的《油气集输实物仿真实践指南》分册。

生产实习是石油类专业实践教学中不可或缺的重要环节。为丰富多元化生产实习模式和针对石油企业在接受生产实习中存在着的实际困难，以培养学生工程实践能力、动手能力和创新意识为目标，基于校企合作理念，辽宁石油化工大学与秦皇岛博赫科技开发有限公司合作开发和建设了油气集输实物仿真实践平台。

油气集输仿真实践平台由实物仿真装置和油气集输虚拟仿真系统两大部分组成，包括油气集输和油气库两套仿真实训装置。其具有工厂化对象背景、现场化真实操作、数字化高度仿真、安全性理念体现等特点。油气集输仿真实训装置部分流程走替代介质，油气库仿真实训装置全流程走替代介质；不走介质的主要静设备可展示内部结构，动设备可进行拆卸组装；配备现场仪表，在线传感器和工业级 DCS 控制系统，能够实现控制室操作人员与现场装置操作人员的团队配合及协调行动。

为更好地利用和使用油气集输实物仿真实践平台，在校内讲义的基础上，编写了本实践指南。书中详细介绍了实物仿真平台的功能和特点、安全生产与环境保护、油气集输流程、油气集输和油库主要设备原理和使用说明、油库系统操作规程、虚拟仿真系统及操作、事故处理预案等相关知识。通过完整的油气集输安全生产、工艺流程、设备及仪表、DCS 仿真操作、事故处理等过程的实践教学环节，培养学生的工程能力、创新意识以及分析和解决复杂工程问题的能力。

本书适用于油气储运工程、石油工程、过程装备与控制工程、自动化等石油、化工类相关专业的实习实践，也可供油气储运等行业技术人员培训使用。

全书由辽宁石油化工大学的吴玉国、王卫强、刘德俊，辽河工程有限公司的周立峰，中国寰球工程公司辽宁分公司的徐大鹏共同编写。本书共分为十三章，其中各章分工为：吴玉国编写第三、第十二、第十三章，王卫强编写第一、第二、第六、第十一章，刘德俊编写第八、第九章、周立峰编写第四、第五章，徐大鹏编写第七、第十章。

全书由吴玉国修改定稿。本书在编写过程中得到了辽宁石油化工大学教务处、工程训练中心和石油天然气工程学院的老师和行业企业专家的帮助，特别是得到秦皇岛博赫科技开发有限公司李国友博士的大力支持，在此表示衷心感谢。

由于编者能力水平有限，书中的疏漏和错误在所难免，敬请批评指正。

编　者

目　录

第一部分　油气集输

第一章　油气集输系统概况 ………………………………………………… (3)

　第一节　油气集输系统的重要性 ………………………………………… (3)

　第二节　半实物仿真工厂的意义 ………………………………………… (3)

　第三节　装置介绍 ………………………………………………………… (4)

第二章　油气集输流程 …………………………………………………… (6)

　第一节　单井集气实训操作站 …………………………………………… (6)

　第二节　天然气集输实训操作站 ………………………………………… (6)

　第三节　醇胺脱酸气实训操作站 ………………………………………… (7)

　第四节　三甘醇脱水实训操作站 ………………………………………… (8)

　第五节　凝液回收系统实训操作站 ……………………………………… (9)

　第六节　天然气处理实训操作站 ………………………………………… (10)

　第七节　原油计量实训操作站 …………………………………………… (13)

　第八节　油品转输实训操作站 …………………………………………… (13)

　第九节　原油脱水实训操作站 …………………………………………… (14)

　第十节　储存稳定实训操作站 …………………………………………… (14)

第三章　油气集输主要设备原理及使用说明 ……………………………… (15)

　第一节　水套加热炉 ……………………………………………………… (15)

　第二节　原油稳定塔 ……………………………………………………… (17)

　第三节　清管器收发球筒 ………………………………………………… (19)

　第四节　三相分离器 ……………………………………………………… (20)

第四章　事故处理预案 …………………………………………………… (23)

第五章　安全生产与环境保护 …………………………………………… (24)

　第一节　安全检修 ………………………………………………………… (24)

　第二节　电气安全 ………………………………………………………… (26)

　第三节　雷电、静电防护 ………………………………………………… (28)

第四节　压力容器 …………………………………………………………（29）
第五节　安全生产禁令 ……………………………………………………（30）

第二部分　油库仿真实训装置

第六章　油库系统概况 …………………………………………………（35）
第七章　油库操作人员职责 ……………………………………………（36）
第八章　油库主要设备原理及使用说明 ………………………………（37）
第一节　阀门具体操作 ……………………………………………………（37）
第二节　测量孔具体操作 …………………………………………………（37）
第三节　配电设备 …………………………………………………………（37）
第四节　管线操作相关规定 ………………………………………………（38）
第五节　离心泵操作 ………………………………………………………（38）
第六节　滑片泵操作 ………………………………………………………（39）
第七节　电控操作装置 ……………………………………………………（39）
第九章　油库系统操作规程 ……………………………………………（41）
第一节　日常检查 …………………………………………………………（41）
第二节　特殊查库 …………………………………………………………（41）
第三节　卸车操作 …………………………………………………………（41）
第四节　装车操作 …………………………………………………………（42）
第五节　倒罐操作 …………………………………………………………（43）
第六节　泵的切换备用操作 ………………………………………………（43）
第十章　油库系统应急情况处置 ………………………………………（44）
第一节　油罐壁发现渗油处置 ……………………………………………（44）
第二节　设备渗漏处置 ……………………………………………………（44）
第三节　停电处置 …………………………………………………………（44）
第四节　油罐吸瘪处置 ……………………………………………………（44）
第十一章　油品基本知识 ………………………………………………（45）
第一节　油品燃烧的基本条件 ……………………………………………（45）
第二节　石油的组成与划分 ………………………………………………（45）
第三节　油品危险特性分类 ………………………………………………（46）
第四节　闪点 ………………………………………………………………（46）
第五节　燃点 ………………………………………………………………（46）
第六节　自燃 ………………………………………………………………（47）

第七节　冷滤点 …………………………………………………………… (47)

第三部分　油气集输虚拟仿真系统

第十二章　虚拟仿真系统工艺说明 ……………………………………… (51)
第一节　装置概况 ……………………………………………………… (51)
第二节　工艺原理 ……………………………………………………… (54)
第三节　主要设备 ……………………………………………………… (56)
第四节　主要仪表指标 ………………………………………………… (57)
第五节　操作规程 ……………………………………………………… (62)
第六节　DCS 操作界面 ………………………………………………… (92)
第十三章　油气集输虚拟仿真系统操作说明 ………………………… (108)
第一节　系统登录说明 ………………………………………………… (108)
第二节　系统功能介绍 ………………………………………………… (110)
第三节　交互功能介绍 ………………………………………………… (121)
第四节　注意事项 ……………………………………………………… (123)
附　图 ………………………………………………………………… (125)
参考文献 ……………………………………………………………… (141)

第一部分

油 气 集 输

第一章　油气集输系统概况

第一节　油气集输系统的重要性

油气储运工程是连接油气生产、加工、分配、销售诸环节的纽带，它主要包括油气田集输、长距离输送管道、储存与装卸及城市输配系统等。近年来我国规划、建设了“西气东输”工程、跨国油气管道工程及国家石油战略储备等大型油气储运设施的建设。

为了石油、石化类院校学生在校期间能熟练、全面、系统地掌握油气集输的工艺及实操技能，开发面向石油类学校、石油石化行业油气储运工程专业等一系列的实训设备具有重要意义。

仿真实训设备将对现场的工艺设备进行高仿真模拟，同时具有实际操作性。设备工艺采用工厂化的理念，工艺和设备与实际生产一致，让学生在仿真实训设备上，根据已学到的理论知识进行实操锻炼。经仿真实训设备培训后的学生，在走出校门进入石油石化企业后，将拥有更好的适应能力、实操能力，缩短他们进入油气田后的工作适应期，提高石油行业技术人员队伍素质。

油气集输装置按采油和采气两种不同的工况条件进行设计。装置分别对原油集输和天然气集输工艺进行了详尽的工艺流程设计，工艺系统内容和现场的实际情况一致。原油集输装置集成了各种不同种原油的集输处理工艺，对原油计量并进行脱水、脱气等处理。天然气集输工艺从采气开始，对天然气进行脱酸、脱水、凝液回收等处理并进行长距离输送。

第二节　半实物仿真工厂的意义

传统意义上对于全流程工艺装置的实训一般采用真实工厂装置参观学习及建设小试、中试、装置进行投料的实操实训方式。对于真实工厂装置，受训人员在工厂基本仅限于认知实习；对于走料的小试、中试却也难以满足各类实操的需求，这些问题包括：

（1）走料装置很难模拟复杂过程；

（2）投料成本过高，不适合大量受训人员进行训练；

（3）高温、高压对装置要求过高，容易造成危险；

（4）耗能巨大，造成装置长期停滞；

（5）装置大小限制正常工艺；

（6）产品和副产物难以处理，且尾气、废水排放造成环境问题。

半实物仿真工厂可根据实训中心场地情况，装置参照真实工业现场的实际情况按一定比例缩小设计，设计在贴近工业实际的同时也较好地符合实训中心的实际情况。受训人员在设备装置上可进行正常的外操训练，完成在实物装置上的正常操作、冷态开车、正常停车和各种生产故障处理操作等培训，直观深刻地体验工厂生产的过程、原理及操作规程。

第三节　装置介绍

将实训基地内的采气区、天然气集输区、醇胺脱酸气区、三甘醇脱水区、凝液回收系统区、天然气处理区(首站、分输增压站、末站)、原油计量区、原油转输区、原油脱水区、原油存储区、DCS控制系统等做成相对独立又可形成一套完整的地面流程的实训设备。

一、装置特点

（1）系统性　仿真实训装置包括：采气区、天然气集输区、醇胺脱酸气区、三甘醇脱水区、凝液回收系统区、天然气处理区(首站、分输增压站、末站)、原油计量区、原油转输区、原油脱水区、原油存储区，共十大区域模块，形成一套系统的工艺过程。

（2）实操性　实训装置内的配套设备具有高度的实际操作能力，学员可对设备进行实际操作。通过流程的切换、阀门开启和泵的开启等进行实际操作的训练。

（3）专业性　仿真实训系统以《采气工》、《天然气净化操作工》、《采气工艺技术》、《输气技术》和《矿场加工及油气集输》为设计依据，同时综合了《天然气工程手册》、《采气工程》、《天然气工业管理实用手册》等专业书籍内容，并根据学校的地域特点，在考察了辽河油田原油采输系统后设计出一套工艺流程。

（4）安全性　仿真实训设备高度重视操作的安全性，保证学生在操作设备时的安全。

（5）高仿真性　仿真实训设备按照现场设备进行模拟，同时对重点设备的内部结构、工作原理做深入地剖析，采用实物与软件模拟相结合的方式进行制作，便于学生对设备实操和原理的掌握。

（6）适用范围广泛性　仿真实训设备同时具备在校学生实训和油气集输技能培训的功能，兼具教学、科研、培训等多重功能。

二、实施方案

（1）将油气集输设备按一定比例制作成立体的实物装置，共十个操作站。

（2）用钢制管道按流程将各设备连接，用替代物料模拟原油，空气模拟天然气等介质，可以实现介质在管线内流动。

（3）学生可对各类阀门进行实际操作，并将动作情况变成电信号送至计算机进行采集控制，以便通过软件对实训设备状态进行监视和控制。

三、具备的实训功能

（1）油气集输设备操作。

（2）仪器仪表操作。

（3）系统学习、掌握采油、计量、原油处理和采气、输气及气体处理的整个工艺流程及设备操作、维护。

（4）DCS 操作学习。

第二章　油气集输流程

输油部分总工艺流程图详见附图 1。

输气部分总工艺流程图详见附图 2。

第一节　单井集气实训操作站

一、简介

把从气井采出的含有液(固)体杂质的高压天然气，处理成适合矿场集输的合格天然气以外输的设备组合称为采气。

在单个、多个井口采气井场，安装一套天然气加热、调压、分离、计量和放空等设备的流程称为单井采气工艺流程。

二、工艺过程

气井采出的天然气，经采气树节流阀调压后进入加热设备加热(水套炉)升温。升温后的天然气进入立式重力分离器，在分离器中除去液体和固体杂质，天然气从分离器上部出口流出经节流阀降压到系统设定压力进入计量管段，经计量装置计量后，进入集气支线输出。

三、工艺流程图

详见附图 3。

第二节　天然气集输实训操作站

一、简介

把几口单井的采气流程集中在气田某一适当位置进行集中采气和管理的流程称为集气流程。

天然气集输工艺主要任务是对单井采集的气体进行集中，然后脱除天然气中的液固杂质。

二、工艺过程

各单井站经节流降压计量后输至集气站或由高压管线与集气站连接。集气站的工艺过程一般包括：加热、降压、分离、计量等几部分。工艺过程为：阀门→换热器加热→压力调节阀→立式过滤分离器→汇管→脱酸气。

三、工艺流程图

详见附图4。

第三节　醇胺脱酸气实训操作站

一、简介

天然气中含有硫化氢、有机硫等大量酸性成分。硫化氢具有很强的还原性，易受热分解，有氧存在时易腐蚀金属。有水存在时，形成氢硫酸，对金属造成较大的腐蚀性。硫化氢还会产生氢脆腐蚀等，而且是有毒气体，因此天然气不管作为民用还是工业用，必须去除天然气中的酸性部分。天然气中除酸性组分的工艺流程称为脱硫。

二、工艺过程

流程可划分为胺液高压吸收和低压再生两部分。原料气经涤气除去固液杂质后进入吸收塔(或称接触塔)。在塔内气体由下而上、胺液由上而下逆流接触，醇胺溶液吸收并和酸气发生化学反应形成胺盐，脱除酸气的产品气或甜气由塔顶流出。吸收酸气后的醇胺富液由吸收塔底流出，经升压泵升压后进入闪蒸罐，放出吸收的烃类气体和微量酸气。再经过滤器、贫/富胺液换热器，富胺液升高温度后进入再生塔上部，液体沿再生塔向下流动与重沸器来的高温水蒸气逆流接触，绝大部分酸性气体被解吸，恢复吸收能力的贫胺液由再生塔底流出，在换热器中与冷富液换热、降压、过滤，进一步冷却后，注入吸收塔顶部。再生塔顶流出的酸性气体经过冷凝，在回流罐分出液态吸收剂后，酸气送至回收装置生产硫黄或送至火炬灼烧，液态吸收剂作为再生塔顶回流。

三、工艺流程图

详见附图 5。

第四节　三甘醇脱水实训操作站

一、简介

天然气进入输气管道后将逐渐冷却，天然气中的饱和水蒸气逐渐析出形成水等凝析液体。液体伴随天然气流动，并在管道低洼处积蓄起来，造成输气阻力增大。当液体积蓄到形成段塞时，其流动具有巨大的惯性，将造成管线末端分离器的液体捕集器损坏。

管道中有液体存在，会降低管线的输送能力。

水及其他液体在管道中和天然气中的硫化氢、二氧化碳形成腐蚀液，易造成管道内腐蚀，缩短管道的使用寿命，同时增大爆管的频率。

水在管道中容易形成水合物，进而堵塞管道，影响安全生产。

二、工艺过程

湿天然气由吸收塔下部进塔，三甘醇贫液由塔顶入塔，湿天然气与三甘醇贫液在塔盘处充分接触，天然气中的水被三甘醇贫液吸收后变成干天然气，从塔顶流出进入外输系统，经脱水的干天然气可以达到一般管输天然气的含水量指标。从天然气中吸收水分后的三甘醇溶液由贫液变成富液，从吸收塔底部流出，经升压泵升压后进入闪蒸罐，放出吸收的烃类气体和微量水气。再经过滤器流入贫-富甘醇换热器，三甘醇富液被预热到一定温度后进入再生塔上部，在再生塔中，经蒸汽加热，富液中大部分水分变成蒸汽，由再生塔顶部离开系统；富液再生后变成贫液，由再生塔底部流出进入换热器，在换热器内与富液换热后，进入吸收塔上部循环使用。富液过滤器主要用于分离甘醇溶液中的固体杂质和变质产物，保持三甘醇溶液的洁净。

三、工艺流程图

详见附图 6。

第五节　凝液回收系统实训操作站

一、简介

从气体内回收凝液的目的有三种：满足管输的要求；满足天然气燃烧值要求；在某些条件下，能最大限度地追求凝液的回收量，使天然气成为贫气。

开采的气体内含中间和重组分愈多，气体的临界凝析温度愈高，这种气体在管输过程中，随压力和温度条件的变化将产生凝液，使管内产生两相流动，降低输量，增大压降，在管线终端还需设置价格昂贵的液塞捕集器分离气液、均衡捕集器气液出口的压力和流量，使下游设备能正常运行。为使输气管道内不产生两相流动，气体进入干线输气管道前，一般需脱除较重组分，使气体在管输压力下的烃露点低于管输温度。

各国或气体销售合同对商品天然气的热值都有规定，热值一般应控制在35.4~37.3MJ/m^3范围内。热值也不是越高越好，应不高于41MJ/m^3。因而，对于较富的气体，特别是油田伴生气和凝析气，一般都要回收轻油，否则热值将超过规定范围。

液体石油产品的价格一般高于热值相当的气体产品，也即回收的液态轻烃价格常高于热值相当的气体，多数情况下回收轻烃都能获得丰厚的利润。

二、工艺过程

用透平膨胀机代替节流阀，即为透平膨胀机制冷。高压气体通过透平膨胀机进行绝热膨胀时，在压力、温度降低的同时，对膨胀机轴做功。轴的另一端常带有制动压缩机为气体增压，气体在膨胀机内的等熵效率约为80%，机械效率为95%~98%。气体在膨胀机内的膨胀近似为等熵过程。

原料气自脱水系统进入装置后与脱甲烷塔来的冷天然气进行换热降温后进入低温分离器(透平膨胀机入口分离器)，分出凝析油。低温气体通过透平膨胀机膨胀，进入脱甲烷塔。脱甲烷塔实为分馏塔，轻组分为甲烷，以蒸气从塔顶流出；重组分以液体从塔底流出。由上而下脱甲烷塔的温度逐步升高，低温分离器分出的凝析油在塔温接近油温处进入脱甲烷塔，分析凝液的甲烷，使塔底产品内甲烷和乙烷得到一定程度的稳定。

三、工艺流程图

详见附图 7。

第六节　天然气处理实训操作站

输配气站由输气首站、分输增压站、输气末站构成一套输配气工艺流程。

一、首站

1）工艺过程

首站是天然气管道的起点设施，气体通过首站进入输气干线。通常，首站具有分离、计量、清管器发送等功能。

① 接收并向下游站场输送从净化厂来的天然气。首站接收上游净化厂来的天然气，为了保证生产安全，通常进站应设高、低压报警装置，当上游来气超压或遇管线事故时进站天然气应紧急截断。向下游站场输送经站内分离、计量后的净化天然气，通常出站应设低压报警装置，当下游管线事故时出站天然气应紧急截断。

首站宜根据需要设置越站旁通，以免因站内故障而中断输气。

② 分离、过滤。天然气中的固体颗粒污染物不仅会增加管道阻力，降低输气管道的气质，还影响设备、阀门和仪表的正常运转，使其磨损加速、使用寿命缩短，而且污染环境、有害于人身健康。液体污染物会随时间逐渐积累、形成液流，这样会降低气体流量计计量精度并可能损坏管道的下游设备。因此，通常在输气首站设置分离装置，分离气体中携带的粉尘、杂质和上游净化装置异常情况下可能出现的液体，其分离设备多采用过滤分离器。

过滤分离器是由数根过滤元件组合在一个壳体内构成，通常由过滤段和除雾段(分离段)两段组成，能同时除去粉尘、固体杂质和液体。当含尘天然气进入过滤器后先在初分室除去固体粗颗粒和游离水。之后细小的尘污随天然气流进入过滤元件，固体尘粒在气流通过过滤元件时被截留，雾沫则被聚合成大颗粒进入除雾段，在天然气流过雾沫捕集器时液滴被分离。分离后的天然气进入下游管道，尘污则进入排污系统。

③ 计量。应计量输入和输出干线的气体及站内的耗气，这些气量是交接业务和进行整个输气系统控制和调节的依据。

气体计量装置宜设置在过滤分离器下游的进气管线、分输气和配气管线以及站场的自耗气管线上。

大流量站场的计量装置，可分组并联，并设置备用线路。为了减少震动和噪声，站场管道的气体流速不宜超过20m/s。

常用于测量天然气体积流量的流量计有差压式流量计、容积式流量计、涡轮流量计、超声式流量计几类。

④ 安全泄放。

a. 输气首站应在进站截断阀之前和出站截断阀之后设置泄压放空设施。根据输气管道站场的特点，放空管应能迅速放空输气干线两截断阀室之间管段内的气体，放空管的直径通常取干线直径的1/3～1/2，而且放空阀应与放空管等径。

b. 站内的受压设备和容器应按GB 50251—2015《输气管道工程设计规范》的规定设置安全阀。

安全阀定压应等于或小于受压设备和容器的设计压力，安全阀泄放的气体可引入同级压力放空管线。

c. 站内高、低压放空管宜分别设置，并应直接与火炬或放空总管连通。

d. 不同排放压力的可燃气体放空管接入同一排放系统时，应确保不同压力的放空点能同时安全排放。

e. 放空气体应经放空竖管排入大气，放空竖管的直径应满足最大放空量要求。

f. 可燃气体放空应符合环境保护和防火要求，有害物质的浓度和排放量应符合有关污染物排放标准的规定，放空时形成的噪声应符合有关卫生标准。

g. 寒冷地区的放空管宜设防护措施，保持管线畅通。

h. 放空竖管(或火炬)宜位于站场生产区最小频率风向的上风侧，并宜布置在站场外地势较高处。

2）工艺流程图

详见附图8。

二、分输站

1）工艺过程

分输站是天然气管道的中间站，气体通过分输站供给用户。通常，分输站具有分离、计量、调压等功能。

① 接收上游站场来的天然气并向下游用户供气。接收上游站场来的天然气，该部分内容同首站。向下游站场输送经站内分离、计量、调压后的天然气，

出站应设高、低压报警装置，当出站超压或下游管线发生事故时紧急截断。

② 分离、过滤。

a. 直接供给附近用户用气，对分离后气体含尘粒径要求较小，分离装置选型可采用过滤分离器。

b. 如果是分输气体进入支线，分输站距用户较远，分离装置选型宜采用旋风分离器或多管干式除尘器。如粉尘粒径大于5μm，处理量不大时，可选用旋风分离器；处理量大时，可选用多管干式除尘器。

c. 如果分离的气体含尘粒径分布宽，要求分离后含尘粒径很小的情况，可考虑采用两级分离。第一级采用旋风分离器或多管干式除尘器，第二级采用过滤分离器。

③ 调压。分输去用户的天然气一般要求保持稳定的输出压力，并规定其波动范围。站内调压设计应符合用户对用气压力的要求并应满足生产运行和检修需要。

调节装置目前多采用自力式压力调节阀或电动调节阀，宜设备用回路。分输站调节装置宜设在分离器及计量装置下游分输气和配气的管线上。

④ 计量。分输去用户的天然气需要计量，该部分内容同首站。

⑤ 安全泄放。分输站调压装置下游如果设计压力降低，则应在出站设置安全泄放阀，目前多采用先导式安全阀。先导式安全阀因其动作精度高、排放能力大、能够在超过整定压力非常小的范围内泄压排放、复位准确、密封可靠、工作稳定性好的优点而得到广泛应用。

2）工艺流程图

详见附图9。

三、末站

1）工艺过程

末站是天然气管道的终点站，气体通过末站供应给用户。通常，末站具有分离、计量、调压、清管器接收等功能。

① 接收上游站场输来的天然气并向用户门站供气，该部分内容同分输站。

② 分离、过滤。末站通常是向门站供气，分离器选型同分输站，多采用过滤分离器。该部分内容同分输站。

③ 调压、计量。去用户的天然气一般要求保持稳定的输出压力并计量，该部分内容同分输站。

2）工艺流程图

详见附图10。

第七节　原油计量实训操作站

一、简介

单井采油后进行原油的计量和集输工艺，是原油储运的重要工作内容。原油计量实训操作站分为两部分内容，流量计阀组和气体分离计量部分。

二、工艺过程

流量计阀组分为两部分，一部分为原油进集输装置时初始的计量阀组，另一部分为原油输出气体分离罐时候的精确计量阀组。分离计量器→加药→流量计阀组。可实现原油的准确计量和对计量工段操作和流程的理解。

三、工艺流程图

详见附图 11。

第八节　油品转输实训操作站

一、简介

稠油分离缓冲罐、加热炉、缓蚀剂加药装置；流程包括稠油分离缓冲罐，原油的加药操作；可实现油水的一级分离，原油进装置的缓冲和原油的加热功能。

二、工艺过程

原油经过初步的脱天然气计量后，进入分离缓冲罐，通过换热器对原油进行加热后进入沉降罐或进入脱水单元。

自一级沉降来的原油经加药系统加入缓蚀剂后进入二级沉降器继续沉降。

三、工艺流程图

详见附图 12。

第九节　原油脱水实训操作站

一、简介

原油脱水操作站主要包括三相分离器、电脱水装置；流程为两种分离器，主要实现三种不同物质的分离，通过二次装置分离，可实现天然气、原油和水的分离。

二、工艺过程

加热后的原油经过三相分离器分离出水、原油和天然气。分离后的原油可进入电脱水继续深度脱水，或直接进入沉降罐进行沉降。

三、工艺流程图

详见附图 13。

第十节　储存稳定实训操作站

一、简介

储存稳定实训操作站主要包括一级沉降罐、二级沉降罐、污水罐；设备装置包括两个原油罐和一个污水罐，原油罐分为两级，能更好的进行原油的净化和原油的储存作用，污水罐作为装置中原油排水的储存罐。

原油稳定主要包括闪蒸罐及稳定塔系统，目的是脱出原油内的轻组分，对原油进行稳定。

二、工艺过程

原油经过脱水后进入一级沉降罐，进一步沉降后进入二级沉降罐，合格的原油可进入原油罐等待外输。如原油中轻组分比较多，可进入闪蒸罐后再进行初步的精馏，分离出轻组分。在各级排水装置中的污水可进入污水罐进行集中处理或外输到污水处理公司。

三、工艺流程图

详见附图 14。

第三章　油气集输主要设备原理及使用说明

第一节　水套加热炉

一、工作原理

水套加热炉的作业主要是给原油间接加温，通过火嘴燃烧的火焰加热水套内的水使之沸腾，将热量传递给过油盘管中通过的液体，使原油降低黏度便于净化处理。典型的加热炉为火桶式传导加温加热炉。

二、结构组成

火桶式水套加热炉的主要结构有：水套、油盘管、火管、烟囱、U 形管、沸腾管(烟管)火嘴、水位计、人孔及附件等。

三、运行操作规范

开车前的准备工作有：

(1) 首先检查炉体附件及各管线的阀门、管件、仪器、仪表是否装备齐全。

(2) 对炉体各管线进行彻底吹扫清洁，保证炉体及各管线内不含液体和残渣。

(3) 进行试漏检查确定各个静密封点无泄漏。

(4) 检查空气及烟气通道是否正常。

(5) 检查燃烧器系统，保证燃料气压力正常，燃料气中不含液体。

四、开车步骤

水套炉传热介质使用防冻液，防冻液冰点要低于当地环境最低温度。打开加热炉加水包，向炉体内加入防冻液，将液位计液位控制在中间水位(一般为1/2~2/3)。

供给燃料气(气压表压力为0.2~0.3MPa)，使加热炉预热，加热炉预热时燃料气的供给有以下两种方法：

方法一：关闭盘管进口阀门，打开盘管出口阀门，点火燃烧器运行起来(初次运行，升温速度不能过快，以免热胀冷缩过快损坏炉体)；

方法二：如下游管网无天然气，则需将下游外输阀门关闭，缓慢打开盘管进口阀门进行冲压，待压力升高后关闭盘管进口阀门，然后点火燃烧器运行起来。

待加热炉传热介质温度大于70℃时，缓慢依次打开盘管进口各阀门，使被加热天然气温度逐渐升高。待运行正常后，锁定控制系统参数，确保安全运行，并将运行参数记录、存档，以便日后查用。

五、停车步骤

(1) 关闭燃烧器。

(2) 关闭燃料供应系统。

(3) 待加热炉温度降到接近环境温度时，关闭被加热介质进出口阀门，但要使进口阀门稍有开度，防止盘管压力升高，待加热炉温度与环境温度一致时，方可将进口阀关闭。

(4) 关闭系统电源。

六、紧急停车

(1) 关闭系统电源。

(2) 关闭燃料供应系统。

(3) 关闭燃烧器。

(4) 待加热炉温度降到接近环境温度时，关闭被加热介质进出口阀门，但须使进口阀门稍有开度，防止盘管压力升高，待加热炉温度与环境温度一致时，方可将进口阀关闭。

七、注意事项

(1) 水套炉炉体在常压状态下运行。

(2) 盘管工作压力不能超过10MPa。

(3) 遇到下列情况之一时应紧急停炉：

① 炉内水位低于最低水位线；

② 火嘴或烟管发生穿孔或破裂；

③ 防爆门或烟箱密封失严，大量烟气外冒；

④ 就地及控制仪表中有一失灵者；

⑤ 控制柜器件及辅机出现故障，不能保证安全运行；

⑥ 不能在线处理的故障。

八、维护与保养

（1）站场值班人员每天对各仪表及阀门(天然气出口温度设定值，进出口阀门状态)进行巡检，保证使用状态良好，发现问题及时上报。

（2）每季度对加热炉进行排污检查，是否有污物。

（3）水套炉投用一年后，应对炉体进行全面检查，根据检验情况决定下次检验时间，原则上每 3~5 年进行全面检验一次。

（4）每年 7 月及 10 月对盘管腐蚀情况进行检查，特别是弯头部位的厚度。

（5）每年至少一次对加热炉燃料气系统、燃烧器进行全面的检查维修，并测量防冻液冰点，保证防冻液冰点低于当地最低环境温度。

（6）检修加热炉时，应从加热炉拆下燃烧器，对其进行单独检修。

（7）对因燃烧而损坏的耐火层应予以及时修补。

（8）防爆门和检查孔等处的密封垫片如有损坏，应及时更换。

九、燃烧器的维护与保养

（1）燃烧器的表面应时常保持清洁。

（2）每月一次清洁燃烧器风机通道及控制电路部分的灰尘，以保证正常的燃烧效率。

（3）检查燃烧器与控制系统的联线是否完好无损，如有问题应及时解决。

（4）检查供气系统压力及流量是否正常。

第二节　原油稳定塔

一、原油稳定的意义及方法

原油稳定就是把油田上密闭集输起来的原油经过密闭处理，从原油中把轻质烃类，如甲烷、乙烷、丙烷、丁烷等分离出来并加以回收利用。这样就相对降低了原油的挥发和损耗，使之稳定。但是，经过稳定的原油在储运中还需采取必要的措施，如密闭输送、浮顶罐储存等。

原油稳定具有较高的经济效益，可以回收大量轻烃作为化工原料，同时可使原油安全储运、减少对环境的污染。

原油稳定的方法很多，一般有以下四种：

一是负压分离稳定法。原油经油气分离和脱水之后，再进入原油稳定塔，在负压条件下进行一次闪蒸脱除挥发性轻烃，从而使原油达到稳定。负压分离稳定法主要用于含轻烃较少的原油。

二是加热闪蒸稳定法。这种稳定方法是先把油气分离和脱水后的原油加热，然后在微正压下闪蒸分离，使之达到闪蒸稳定。

三是分馏稳定法。经过油气分离、脱水后的原油通过分馏塔，以不同的温度，多次气化、冷凝，使轻重组分分离。这个轻重组分分离的过程称为分馏稳定法。这种方法稳定的原油质量比其他几种方法都好。此种稳定方法主要适用于含轻烃较多的原油（每吨原油脱气量达 $10m^3$ 或更高时使用此法更好）。

四是多级分离稳定法。此稳定法运用在高压下开采的油田。一般采用 3~4 级分离，最多分离级达 6~7 级。分离的级数多，投资就大。

稳定方法的选择是根据具体情况综合考虑，需要时也可将两种方法结合在一起使用。

炼油装置的稳定塔是精馏塔，普通精馏系统由进料预热器、塔、进料泵、再沸器、顶冷凝器、回流罐、回流泵等组成。

（1）原料预热器：给原料预热，使过冷液加热到泡点温度进料。

（2）塔体（精馏塔）：被分离组分在塔内传热传质，分离成所需的组分。

（3）塔底再沸器：向精馏塔提供能量，保证塔所需上升蒸汽量。

（4）塔顶冷凝器：将塔顶气相冷凝为液相，保证塔所需的液相回流。

二、稳定塔的内部结构

详见附图 15。

三、再沸器的内部结构

详见附图 16。

四、换热器内部结构

详见附图 17。

第三节　清管器收发球筒

清管器收发球筒主要由筒体、法兰、快开盲板、清管指示器等组成，见图 3-1。

清管器收发球球筒主要用于石油、化工、电力、冶金等行业各类集输管道清管、清扫管线、除蜡、除垢等作业。其结构合理，开关灵活、方便，密封性能可靠，安装简便、运输方便；其最大特点是快速开启及快速关闭管道，快速发送或接收清管器。提高输送能力，确保管道的安全运行，安全性能高，易维护。

图 3-1　清管器收/发球筒

结构特点：清管器收发球筒，材质和承压能力必须满足设计和介质要求。可选用卡箍式、锁环式、插扣式等几种类型快开盲板，具有结构合理、密封性能好、启闭迅速、操作方便、安全可靠等优点。同时，插扣式快开盲板具有开启方便、安全自锁(盲板自锁、防振、防松动、开启可二次卸压)等性能，使操作更加简洁、安全；卡箍式快开盲板除安全自锁外，还做到了盲板锁紧时，密封圈与密封面之间无相对转动，密封圈不易损坏，从而更好地保护了密封系统；锁环式与卡箍式快开盲板一样，具有较大的承压能力及良好的性能。

收发球筒工作原理如图 3-2 所示。

（1）发射清管器：

① 关闭阀 d、f，打开阀 e、c；

② 打开快开盲板 b，装入清管器，将清管器推入发球筒前部；

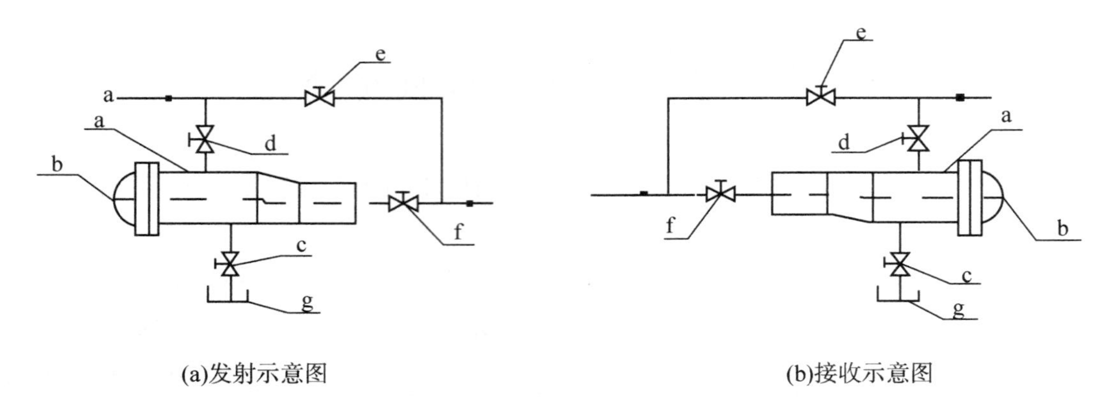

图 3-2　收发球筒工作原理图

a—收发球筒；b—快开盲板；c—排污排空阀；d、e、f—与管径等径球阀；g—排污池

③ 关闭快开盲板 b 及阀 c；

④ 关闭阀 e，打开阀 f、并缓开阀 d，直至全部打开将清管器发出。

（2）接收清管器：

① 打开阀 e，关闭阀 f、d；

② 打开阀 c，将收球筒内压力及污物排空；

③ 打开快开盲板 b 将清管器取出；

④ 关闭快开盲板 b 及阀 c、e，打开阀 f、d，恢复原始状态。

第四节　三相分离器

一、分离器选型

生产分离器，即油气或油气水分离器，是油田生产的关键设备。它的作用是利用重力沉降原理使油井生产出的油气混合物实现初步分离。

分离器的设计与选型是油气生产系统设计中的重要一环。通常，分离器设计与选型的主要内容包括四个方面(不包括分离器上各类仪表及外部管线的设计)：分离器型式的选择，分离器尺寸的确定，分离器内部结构及附件的设计与选型，分离器结构设计(筒体及各类喷嘴)。

从系统上讲，如果生产流体温度较低且含水量较高，为了减少热负荷，就需要提前分离游离水，即第一级分离器就采用三相分离器，使得在加热之前将游离水分离出来。

而无论是立式分离器，还是卧式分离器，它们都由下列四部分组成：①入口分流区，即分离器入口初始分离部分；②重力沉降区，即油气重力沉降部分；③除雾器区，即气体出口除雾部分；④集液区，即盛液部分（包括油、水分离）。

对于立式分离器和卧式分离器，上述第一项与第三项基本相同，而第二、第四项则不同。从重力沉降部分液滴下落方向与气流运动方向来看，在立式分离器中二者相反，而在卧式分离器中二者垂直。因此，卧式分离器更宜于液滴沉降。从盛液部分看，卧式分离器气液界面大，液体中所含的气泡易于上升至气相空间，且在液相中，水与油在卧式分离器中更容易分离。因此，卧式分离器更适于进行三相分离。

在油气分离系统设计中，一般对气、油比值高的油气混合物采用卧式分离器，对中、低气油比值的油气混合物采用立式分离器。

例如原油密度为860kg/m^3（20℃），含水率为85%～89%时，可选卧式三相分离器。

二、分离器结构

油田上使用的卧式三相分离器包括入口分流区、集液区、重力沉降区和除雾器区四个部分：

（1）入口分流区　油田采出液在进入分离器时是典型的高黏湍流混合液，正是因为这种高黏状态使其在进入分离器时动能比较大，而入口分流区也正是利用了混合液较高的动能，通过突然改变混合液的方向吸收其动能，达到气液的初步分离。

（2）集液区　位于分离器的底部，主要为液体中气体的析出及油水的沉降分离提供充足的停留时间。需要指出的是油与水的分离时间要明显高于气液的分离时间。

（3）重力沉降区　一般是对于气体而言，即进入该区域后气体的速度下降，气体中携带的较大的液滴由于重力的作用落到气液交界面，而更小的液滴则需要依靠后面的除雾器除去，以保证分离所得气体中不含液体或含量很少。

（4）除雾器区　气体在经过重力沉降区后，较大的液滴已经沉降至液体中，但气体中仍含有大量的小液滴（通常为小于100μm液滴），这些液滴将在气体通过除雾器时得以去除，去除的液滴聚集成为较大液滴后落入集液区。

三、分离器工作原理

图3-3是典型的卧式三相分离器结构示意图，油井来液进入分离器后首先

进入入口分流区，并撞击到入口挡板上，使分离液的方向和速度发生很大变化，这种液流动量的突然改变，造成了气液的预分离。预分离后的液体落入集液区，在集液区分离器提供充足的时间使油能聚集到上层而水沉降到底层，在大多数设计中，入口分流区往往装有液相导管，将预分离后的液体引入油水界面以下，这样可以促进水珠的聚沉。在经过集液区后，上层的油液溢过堰板进入其后的油室，通过液位控制阀实时排出油液控制油室的油位；为保持油水界面的高度，下层的水相经另一液位控制阀控制后由排水阀离开分离器。预分离后的气体进入重力沉降区，并在气相中携带的较大液滴完成沉降后经除雾器到达压力控制阀，通过压力控制阀控制气体的排出量保证分离器压力的恒定。气液界面根据油气分离的相对重要性可由直径的 1/2 变到 3/4，但在通常情况下会选择半满状态。

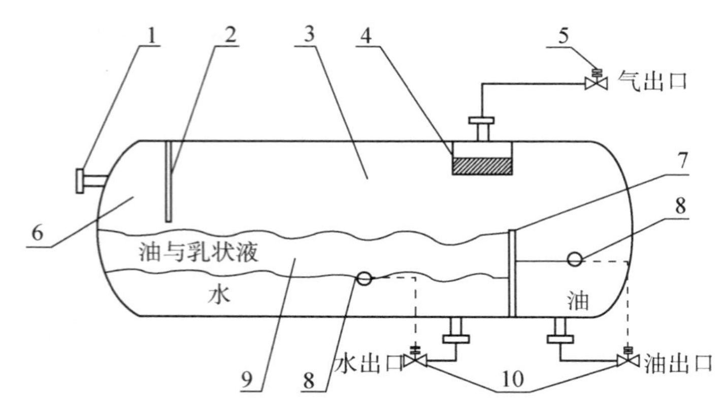

图 3-3　卧式三相分离器结构示意图

1—入口；2—进口挡板；3—重力沉降区；4—除雾器；5—压力控制阀；
6—入口分流区；7—堰板；8—浮子(液位感应装置)；9—集液区；10—液位控制阀

重力式分离器的设计主要是依据已有的设计规范和标准，而已有规范中只有对两相分离器设计的规定，对于三相分离器的设计计算，规范中并未涉及。另外，国内目前没有通用的三相分离器的计算方法，探讨较多的是以气液沉降理论为依据进行的尺寸设计，尽管具体设计的名称、公式、符号等略有差异，但其原理一致，且设计步骤基本通用。

第四章　事故处理预案

事故处理原则：

（1）各岗位及班组人员要及时发现初期事故，并尽快将事故消灭在萌芽时期，并及时汇报车间及生产运行处调度中心，如有必要进行降温降量处理。

（2）如果事故扩大，班组失控制，请求消防队调派消防车掩护，同时事故设备尽可能停止进料。

（3）当油烟较大时，须佩戴空气呼吸器进入现场进行救火，防止发生人员中毒。

（4）如遇到危险源泄漏，并出现大面积的火灾时，在不影响事故处理或已经基本处理完毕的情况下，应切断装置全部电源，防止引起电路着火，引起其他事故。

（5）按照紧急疏散通道疏散无关人员。

（6）在装置失控的情况下，按照人员的撤退路线，及时撤到安全地带，防止人员伤亡。

（7）装置发生下列情况按紧急停工方案处理：

① 该装置发生重大事故，经全力处理，仍不能消除，事故影响持续扩大或其他关联装置发生火灾、爆炸事故，严重威胁本装置安全运行，应紧急停工。

② 加热炉炉管烧穿，塔、罐严重漏油着火或其他冷换、机泵设备发生爆炸或火灾事故，应紧急停工。

③ 主要机泵发生故障，无法修复，备用泵又不能启动，可紧急停工。

④ 长时间停原料、停电、停汽、停水不能恢复，可紧急停工处理。

第五章　安全生产与环境保护

第一节　安全检修

一、安全检修的特点

（1）短　检修项目多、检修内容复杂、施工作业量大、任务集中。

（2）急　检修时间短、人员多，作业形式和作业人数经常变动，为赶工期经常加班加点。

（3）繁　设备种类繁多，结构和性能各异，塔上塔下、容器内、外各工种上下立体交叉作业。

（4）难　检修中受环境和气候条件的限制，给装置检修增加了复杂性，容易发生人身伤害事故。

（5）险　由于装置设备和管道中存在着易燃、易爆和有毒物质，检修时又离不开动火、动土、进罐入塔作业，在客观上具备了发生火灾、爆炸和中毒等事故发生的因素，处理不当，就容易发生重大事故。

二、安全检修过程中常见的事故

（1）火灾爆炸；

（2）中毒窒息；

（3）化学灼伤；

（4）物体打击；

（5）机械伤害；

（6）起重伤害；

（7）高处坠落；

（8）触电。

三、防止检修事故的对策

（1）检修前的准备；
（2）进装置前的安全确认；
（3）检修中的管理和考核；
（4）装置进料前的确认检查。

四、检修施工现场的“五不准”

（1）不戴安全帽不准进入现场；
（2）无动火票不准动火；
（3）不系安全带不准进行高处作业；
（4）未经检查的起重设备不准起吊；
（5）危险区无安全护栏或无人监护不准作业。

五、“十不检修”

（1）检修要求不明确不检修；
（2）无安全防范措施不检修；
（3）未卸掉压力的设备不检修；
（4）未切断电源的设备不检修；
（5）未杜绝有害物质的设备不检修；
（6）未放净危险物质的设备不检修；
（7）未清除有毒物质的设备不检修；
（8）内部结构和性能不清楚的设备不检修；
（9）正在运行的机电设备不检修；
（10）没有合格的配件不检修。

六、装置检修设备交出前的工艺处理

（1）停车；
（2）卸压；
（3）降温；
（4）抽堵盲板（抽堵盲板是设备与系统隔绝的有效措施，抽堵盲板存在的危险和对策）；
（5）置换；

(6) 排放、吹扫、洗净、清铲。

七、检修中安全用电的要求

(1) 对用电作业人员的要求；
(2) 对线路的要求；
(3) 对照明设施的要求；
(4) 使用电动机具的要求；
(5) 检修电气设备的要求。

第二节　电气安全

一、影响油气储运企业安全供电的因素

(1) 先天因素　包括设计不合理、施工不符合要求、设备质量存在问题等客观上存在的隐患。

(2) 后天因素：

① 工作中管理混乱、检修制度执行不严；
② 电气工作人员素质差、玩忽职守、违章作业；
③ 违章操作。

二、电气安全的技术措施

(1) 停电；
(2) 验电；
(3) 装设接地电；
(4) 悬挂标示牌和装设遮拦。

三、引起电气设备过热的原因

(1) 短路；
(2) 过载；
(3) 接触不良；
(4) 铁芯发热(磁滞损失、涡流损失)；
(5) 散热不良。

四、电气防火防爆的措施

（1）消除或减少爆炸性混合物；
（2）隔离和间距；
（3）消除引燃源；
（4）爆炸场所的接地和接零。

五、防止触电的措施

（1）绝缘；
（2）屏护；
（3）障碍；
（4）间距；
（5）漏电保护装置；
（6）安全电压；
（7）保护接地、保护接零；
（8）不导电环境；
（9）电气隔离；
（10）等电位环境。

六、用电安全“十不准”

（1）任何人不准玩弄电气设备和开关；
（2）非电工不准拆装、修理电气设备和用具；
（3）不准私接、乱接电气设备；
（4）不准使用绝缘损坏的电气设备；
（5）不准私用电热设备和灯泡取暖；
（6）不准擅自用水冲洗电气设备；
（7）熔丝熔断，不准调换容量不符的熔丝；
（8）不准擅自移动电气安全标志、围栏等安全措施；
（9）不准使用检修中机器的电气设备；
（10）不办手续，不准打桩、动土，以防止损坏地下电缆。

第三节　雷电、静电防护

一、雷电的危害

雷电具有电流大、时间短、频率高、电压高的特点。

破坏形式包括：电效应、热效应、机械效应、静电感应、电磁感应、雷电侵入波。

二、防雷措施保护

（1）避雷针；

（2）避雷线；

（3）避雷网、避雷带；

（4）避雷器(阀型避雷器，管型避雷器，保护间隙)；

（5）电离防雷。

三、静电产生的原因及特点

（1）原因：

内因：物质电子逸出功、物质电阻率。

外因：摩擦起电、附着带电、感应起电、极化起电。

（2）特点：

① 静电电压高；

② 静电能量小；

③ 尖端放电；

④ 感应静电放电；

⑤ 绝缘体的静电泄漏速度慢。

四、静电的危害

（1）静电放电火花引起着火爆炸；

（2）运输中静电引起着火；

（3）灌注中静电引起爆炸；

（4）取样时静电引起爆炸；

（5）过滤时静电引起爆炸；

（6）包装称量中的静电危险；

（7）高度喷射中静电引起爆炸；

（8）粉体物料在研磨、搅拌、筛分或输送中静电引起爆炸。

五、静电危害的防护措施

（1）控制静电的产生。

（2）防止静电的积累。

① 工艺控制法：控制流速、选用合适的材料、延长静置时间、改进注入方式。

② 静电泄漏法：静电接地、增湿、抗静电剂。

③ 静电中和法：静电消除器。

④ 静电屏蔽。

第四节　压力容器

一、压力容器的分类

（1）安全泄压装置　安全阀、爆破片。

（2）截流止漏装置　截止阀、紧急切断阀、快速排泄阀等。

（3）参数监测装置　压力表、液位计、温度计。

二、压力容器的使用

压力容器在操作时，要严格执行“岗位责任制”、“安全操作规程”，正确开、停车，按规定的操作参数进行操作。

（1）平稳操作；

（2）防止超压、超温；

（3）加强运行期间的检查；

（4）当出现危及安全的故障时，紧急停止压力容器的运行。

三、压力容器的紧急停止使用

（1）压力容器工作压力、介质温度或壁温超过许用值，采取措施仍不能得到有效控制；

（2）压力容器的主要受压元件发生裂缝、鼓包、变形、泄漏等危及安全的缺陷；

（3）安全附件失效；

（4）接管、紧固件损坏，难以保证安全运行；

（5）发生火灾直接威胁到压力容器安全运行；

（6）过量充装；

（7）压力容器液位失去控制，采取措施仍不能得到有效控制；

（8）压力容器与管道严重振动，危及安全运行。

四、压力容器定期检验前应做的准备工作

（1）排除内部介质，并用盲板隔离；

（2）充装易燃、有毒或窒息性介质容器，须经置换、中和、清洗、消毒等处理，并取样分析；

（3）须切断与容器有关的电源；

（4）将容器人孔全部打开，拆除容器内件，清除内壁的污物；

（5）必须在有人监护的情况下进容器内检查；

（6）有保温层的容器，一般可不拆除，但在做全面检验时应部分或全部拆除。

第五节　安全生产禁令

一、生产区内十四个不准

（1）加强明火管理，厂区内不准吸烟；

（2）生产区内，不准未成年人进入；

（3）上班时间，不准睡觉、离岗和做与生产无关的事；

（4）在班前、班上不准喝酒；

（5）不准用汽油等易燃液体擦洗设备、用具和衣物；

（6）不按规定穿戴劳动保护用品，不准进入生产岗位；

（7）安全装置不齐全的设备不准使用；

（8）不是自己分管的设备、工具不准动用；

（9）检修设备时安全措施不落实，不准开始检修；

（10）停机检修后的设备，未经彻底检查，不准启用；

（11）未办高处作业证，不戴安全带，脚手架、跳板不牢，不准登高作业；

（12）石棉瓦上不固定好跳板，不准作业；

（13）未安装触电保安器的移动式电动工具，不准使用；

（14）未取得安全作业证的职工，不准独立作业；特殊工种职工未经取证，不准作业。

二、操作工的六个严格

（1）严格执行交接班制；

（2）严格进行巡回检查；

（3）严格控制工艺指标；

（4）严格执行操作法；

（5）严格遵守劳动纪律；

（6）严格执行安全规定。

三、动火作业六大禁令

（1）动火证未经批准，禁止动火；

（2）不与生产系统可靠隔绝，禁止动火；

（3）不清洗或置换不合格，禁止动火；

（4）不消除周围易燃物，禁止动火；

（5）不按时做动火分析，禁止动火；

（6）无消防措施，禁止动火。

四、进入容器、设备的八个必须

（1）必须申请、办证，并得到批准；

（2）必须进行安全隔绝；

（3）必须切断动力电，并使用安全灯具；

（4）必须进行置换、通风；

（5）必须按时间要求进行安全分析；

（6）必须佩戴规定的防护用具；

（7）必须有人在器外监护，并坚守岗位；

（8）必须有抢救后备措施。

第二部分

油库仿真实训装置

第六章　油库系统概况

凡是用来接收、储存和发放原油或原油产品的企业和单位都称为油库。同时，油库也指用以储存油料的专用设备，因油料具有的特异性用以相对应的油库进行储藏。油库是协调原油生产、原油加工、成品油供应及运输的纽带，是国家石油储备和供应的基地，它对于保障国防和促进国民经济高速发展具有相当重要的意义。

油库仿真实训车间由储油区、装卸区和泵房三部分组成。总的工艺流程见附图18。其中，储油区储罐由拱顶油罐、内浮顶油罐和外浮顶油罐三种类型各一座油罐组成，油罐直径2.8m，高3.4m。输送部分由2台离心式管道泵和2台滑片泵组成，其中1台泵安装变频装置；装卸油部分由2台鹤管和2个移动式水罐组成。

储油罐是储存油品的容器，它是石油库的主要设备。本套装置中主要选取了油库中常用的拱顶储罐、内浮顶储罐和外浮顶储罐。小型储存原油是拱顶罐，大容量的是外浮顶罐，储存成品油用的是内浮顶油罐。内浮顶罐是拱顶与浮顶的结合，外部为拱顶，内部为浮顶，内部浮顶可减少油耗，外部浮顶可以避免雨水、尘土等异物进入罐，这种罐主要用于储存航空煤油等轻质油品。外浮顶的油罐的罐顶直接放在油面上，随油品的进出而上下浮动，在浮顶与罐体内壁的环隙间有随浮顶上下移动的密封装置。这种罐几乎消除了气体空间，故油品蒸发损耗大大减少。

油库装置的电控部分是由现场控制、自动化控制组成和上位机组态软件等组成，现场水泵和电动阀门的控制不仅可以通过现场按钮操作，而且也可以在上位机上通过工控软件完成操作。工控操作软件包含了自动化仪表的显示、现场设备自动控制和工艺流程画面。电控部分将现场的电气设备、控制系统和自动化控制有机的结合在一起。

第七章　油库操作人员职责

（1）油库操作人员对油库的操作承担直接责任，严格执行油罐安全、防火的各项规章制度。

（2）油库操作人员负责输油泵机组及其附属设备的启停操作，负责油品接卸的流程操作。

（3）掌握所有设备动态及各类设备的运行情况，严格按照巡检要求进行检查，发现问题及时处理。

（4）严格执行油库操作规程，在紧急启停泵、紧急切换流程时做好相关操作记录。

（5）及时记录油库运行过程中的相关参数。

（6）负责油库区域内设备的保养、清洁工作以及区域内的其他卫生清洁工作。

第八章　油库主要设备原理及使用说明

第一节　阀门具体操作

（1）日常检查以外观为主，查看压盖与法兰连接处垫片是否完好无渗漏，静电跨条、手轮开关标志、公称压力、规格标志是否齐全，手轮颜色、阀体颜色、阀门编号是否齐全正确。

（2）阀门有保护罩，不渗油、不窜油，保持清洁，沟槽无油泥、无杂质，润滑良好，开关灵活，阀体、大盖、支架、手轮无锈蚀，各处螺栓、紧固件齐全满扣，闸板无脱落，压盖和紧固螺栓保持金属本色，填料适时更换补充，无作业时常闭。

（3）每月进行一次维护保养。

第二节　测量孔具体操作

测量罐内油面高度、油料温度和采取油样，收发作业时，油罐大呼吸，平衡罐内压力。

（1）日常检查以外观为主，关闭要严密，有无漏气和异常变化，测量和发油作业时打开，结束后关闭。

（2）油罐正负压过大时，可以打开，调节罐内气体空间压力，保护油罐安全。

（3）打开测量孔时，人体最好背向站立，待油气足够挥发后，接好导静电绳进行测量。

（4）按照规定时间和内容进行定期维护保养，并检查密封垫片是否完好。

第三节　配电设备

（1）送电前应检查配电设备的技术状况，送电操作应先合总闸，后逐个合供电分闸。

（2）操作配电箱设备时必须两人在场，穿好绝缘鞋，站在绝缘台上，带好绝缘手套。

（3）设备出现故障必须报相关部门，由专人进行检修。

（4）运行时，观察仪表和设备的运行情况，作好记录。发现跳闸应查明原因，排除故障后，方可合闸供电。

第四节　管线操作相关规定

（1）储油罐出入口阀门(同一管线上)均执行先关后开，此规则不可违背。

（2）一条管线绝对不能同时开启两个或两个以上储油罐出入口阀门(倒油除外)。

（3）储油罐出入口阀门在装卸油工作结束后必须关闭。

（4）油品倒罐或移库时必须有两人或两人以上同时操作方可进行，并记录起始和终止时间。

（5）计量员必须认真填报相关各储油罐倒前倒后油高、密度、总量等数据。

第五节　离心泵操作

一、启动

（1）检查水泵设备的完好情况；

（2）轴承充油、油位正常、油质合格；

（3）将离心泵的进口阀门全部打开；

（4）泵内注水或引水(倒灌除外)打开放气阀排气；

（5）检查轴封漏水情况，填料密封以少许滴水为宜；

（6）电机旋转方向正确。

以上准备工作完成后，便可启动电机，待转速正常后，检查压力、电流并注意有无振动和噪声。一切正常后，逐步开启出口阀，调整到所需工况，注意关阀空转的时间不宜超过3min。

二、运行

（1）轴承的检查，轴承室不能进水、进杂质，油质不能乳化或变黑。是否有异音，滚动轴承损坏时一般会出现异常声音。

（2）压力表、电流表读数是否正常，出口压力表读数过低，可能是密封环、导叶套严重磨损。定子、转子间隙过大，或者是出口阀开启太大，流量大、扬程低。电流表读数过大，可能是流量大，或者是定子、转子之间产生摩擦。

三、停泵

（1）离心泵停泵前应先关闭出口阀，以防逆止阀失灵致使出水管压力水倒灌进泵内，引起叶轮反转，造成泵损坏。

（2）停泵时如果惯性小，断电后泵很快就停下来，说明泵内有磨卡或偏心现象。

第六节　滑片泵操作

一、启动

按照滑片泵说明书进行开车前的各项准备工作，开机前各项准备工作完成后即可开机。

二、运行

启动后应查看进出口压力表所指示的表压，出口表压应在性能指标范围内，以达到高效运行之目的。通过听、看、闻检查泵组运行状况，不得有刺耳噪声和剧烈振动。连续运行时，要查看安装轴承的泵端盖温度是否正常，如温度出现异常，应停机查找原因。注意观察电机功率表（或电流表），功率（或电流）过大应停机，查找原因。

第七节　电控操作装置

电控操作装置分为电控柜和上位机工控操作系统。

（1）电控柜内部由断路器、接触器、中间继电器、自动化仪表和 PLC 等设备组成，电控柜的柜门上由指示灯、按钮和转换开关组成。通过改变转换开关的“自动＼现场”的位置选择来完成现场设备的控制方式是通过按钮操作，还是通过上位机工控软件控制。

（2）上位机工控系统包含工艺流程画面、实时曲线画面、历史曲线画面和实时数据画面。实时曲线画面、历史曲线画面和实时数据画面主要显示的是自动化仪表的一些数据。工艺流程画面中包含了现场设备的操作和自动化仪表的显示，人机交互主要是在这一画面中完成，见图 8-1。

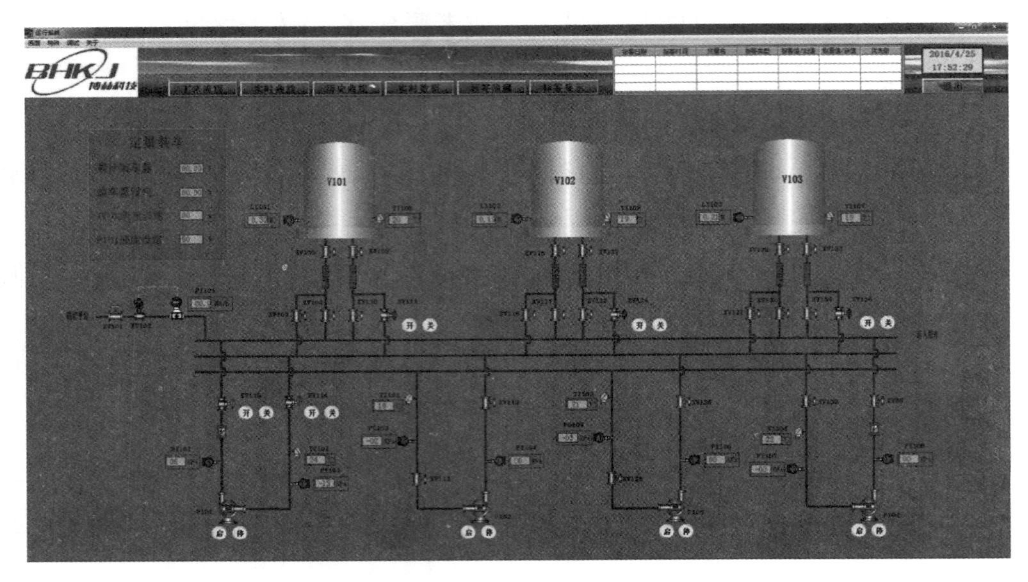

图 8-1　人机交互界面

第九章　油库系统操作规程

第一节　日常检查

（1）检查油罐阀门开关是否灵活，并清扫卫生，擦拭保养阀门；

（2）检查配电柜内开关是否灵活；

（3）检查消防器材的数量、灭火器的压力等是否与标准要求的一致；

（4）检查呼吸阀有无堵塞状况；

（5）保持油库区域内卫生整洁。

第二节　特殊查库

当油库设备第一次使用及维修后投入使用油库操作学员应执行特殊查库。

（1）摸阀门，油罐进口控制阀、油罐出口控制阀以及其他控制阀，各处法兰接处是否有渗油。

（2）检查油罐外壁有无裂缝，有无渗油现象，油罐下部与基础连接处有无渗油现象。

（3）查看罐顶，储油罐区顶部呼吸阀有无阻塞。

（4）测油数，测量油罐液面高度。

第三节　卸车操作

（1）油库操作人员在卸车前对油罐进行检查，尤其是油罐装油段有无裂纹及表面异常，发现问题及时上报并暂停装油，待问题解决后再进行装油操作。

（2）按照罐体容积计算容积，核对储油罐的剩余装油量可否满足待装油的容积要求，油罐的整体容积为 $21m^3$，每米高度可以装油 $6.1m^3$。

（3）计算、计量无误后，由操作人员连接防静电线、接灌泵管线至油槽车卸油口，通过滑片泵对输油进行灌泵操作，灌泵完成后，由操作人员连接防静电线、接卸车管线至油槽车卸油口，卸油管道与油槽车卸油口处均要开启保险卡。

（4）将其他管线阀门关闭，开通直通卸油罐体的管道阀门，打开罐口阀门的同时，检查/关闭罐体卸油阀门。

（5）以上操作检查确认无误后进行卸油操作。

（6）通过滑片泵灌泵操作如下：打开阀门 XV125 和 XV126，启动 P103 泵开始灌泵，灌泵完成停止 P103 泵，关闭阀门 XV125 和 XV126。

（7）卸车操作如下：如向 V103 罐卸车时，打开阀门 XV128、XV129、XV138 和 XV139，然后启动 P104 泵开始卸车，卸车完成停止泵 P104，关闭阀门 XV128、XV129、XV138 和 XV139。

第四节　装车操作

（1）控制室人员根据付油通知单，进行电脑程序操作，告知油工班长开启对应的油罐阀门，和管线阀门。关闭其他管线阀门。

（2）油工在装油设备前，将静电接地夹子与装油的槽车连接后，上装车平台，打开槽车上的装油口，将装油鹤管插入槽车底部。

（3）关闭鹤管上的放空阀，并将静电溢油探头安放在合理的位置上。

（4）打开鹤管上的球阀，关闭排空阀，通知控制室电脑人员，可以装油。如：从 V101 罐中装油，操作如下打开阀门 XV109、XV114、和 XV115，在工控系统中设定阀门 XV102 的开度、需装车的油量和变频泵的频率，启动变频泵 P101 开始装车，当达到设定的装车油量时自动停止 P101 泵，关闭 XV102 和 XV115 阀门。

（5）在装油的过程中，装油操作人员要观察油槽车阀门和装油的整个过程。注意车辆的动态和周边的情况，出现问题，立刻处理。

（6）控制室人员在控制室掌握油品的流量和加油的进度。

（7）加油完毕后，关闭球阀，打开鹤管上的放空阀，油工将鹤管拔出槽车，放进小油桶内，切勿将鹤管里的油遗撒在外。

（8）把鹤管及小油桶取回放在平台上，固定好。对油槽车内的油品进行测量油高和密度，将测量值准确地告知控制室人员。

（9）盖好槽车罐盖，并进行封签封锁好。

（10）控制室人员根据油工的数据，进行计算，核对容积表，计算质量，做好相关的记录。

(11)油工将槽车封签封好后，下平台，取下槽车的静电，完成装车作业。

第五节　倒罐操作

确认导出油料的储罐和导入油料的储罐的液位，如果导入储罐液位低于导出油罐则可以通过自流的方式通过倒油管线进行倒油操作，到液位相差较小时通过输油泵进行倒油操作。具体操作如下：

（1）由操作人员检查卸油和装油的相关控制阀均处于正确的开关状态，且无泄漏情况。

（2）操作人员佩戴好手套等劳动保护用品，加强劳动保护，操作人员需穿防静电服。

（3）操作人员做好导出罐、导入罐的计量工作。确切计算好倒罐数量，严防冒顶。

（4）检查输油泵是否工作正常，如果输油泵液面未达到输送要求，需先进行灌泵操作。

（5）完成以上工作后由操作人员开泵倒罐，倒罐的原则遵循先开后关的原则。操作人员做好倒罐数量的监控工作，当油品达到倒罐作业指导数量时，通知停泵。

（6）倒罐结束关闭相关的阀门，操作人员对两座储罐倒罐后的计量工作，计算出实际倒罐数量。

（7）操作人员对倒罐操作做好详细的记录。

（8）倒罐操作如从 V101 罐倒到 V102 罐，打开阀门 XV109、XV111、XV117 和 XV118，然后启动 P104 开始倒罐，倒罐完成停 P104 泵，关闭阀门 XV118、XV117、XV111 和 XV109。

第六节　泵的切换备用操作

（1）检查备用泵是否完好且可以正常工作，按照离心泵操作规程及灌泵的相关操作要求进行操作。

（2）检查完毕后，按照工艺流程及操作规范，将使用泵关闭并切断相关控制阀，同时按照泵的启动操作规程进行泵的启动。

第十章　油库系统应急情况处置

第一节　油罐壁发现渗油处置

立即报告，在保证自身安全的前提下，采取必要的急救措施。

第二节　设备渗漏处置

油工发现油罐、输油管线、阀门、法兰等设备出现渗漏时，应立即报告，同时视情节对设备进行必要处理；如果渗漏严重，应请示停止作业，关闭相关阀门。

第三节　停电处置

当作业过程中突然出现停电情况，罐区油工接到现场指挥员命令后，迅速关闭相关阀门，同时做好放空管线准备。

第四节　油罐吸瘪处置

当操作人员发现油罐吸瘪，应迅速关闭罐前阀，同时向现场值班员报告，停止作业，打开测量孔盖，使罐内进入气体，使油罐恢复原形；协助维修人员对机械透气阀、阻火器进行维修。

第十一章　油品基本知识

第一节　油品燃烧的基本条件

（1）可燃物；

（2）助燃物（主要是氧气）；

（3）能使可燃物燃烧的热能源（火源）。

第二节　石油的组成与划分

油品系指原油、石油产品（汽油、煤油、柴油、石脑油等）、稳定轻烃和稳定凝析油。地下开采出来的石油未经加工前叫原油。石油是一种黏稠状的可燃性液体矿物油，颜色多为黑色、褐色或绿色，少数为黄色。一般情况下，石油比水轻，它的密度为0.77~0.98g/cm^3。它是由多种烃类组成的一种复杂的混合物。

（1）石油主要组成元素为碳氢元素，还有少量O、N、S、P和微量Cl、I、P、As、Si、Na、K等元素，它们都以化合物的形式存在。石油不是单一化合物，而是由几百甚至上千种化合物组成的混合物，故在蒸馏时的馏出物一般都是连续的。其主要成分是：

① 烃类有机物（烷烃、环烷烃和芳香烃）；

② 含有相当数量的非烃类有机物，即烃的衍生物。这类化合物的分子中除含有碳氢元素外，还含有氧、硫、氮等，其含量（元素含量）虽然很少，组成化合物的量一般约占石油总量的10%~15%；

③ 除含有烃类有机物及其衍生物外，还夹杂有少量的无机物。主要是水、钠、钙、镁的氯化物；硫酸盐和碳酸盐以及少量泥污、铁锈等。

（2）根据组分的轻重，石油产品可分为液化石油气、汽油、煤油、柴油、润滑油（脂）、沥青等。

（3）石油产品的牌号划分：

① 汽油　以研究法辛烷值划分牌号，分为92号、95号、98号。

② 柴油　以凝固点划分(分为10号、5号、0号、-10号、-20号、-35号、-50号)为7个牌号。

③ 燃料油　按操作条件及燃烧器类型划分(分为1号、2号、4号轻、4号、5号轻、5号重、6号、7号)。

第三节　油品危险特性分类

以闪点作为油品危险特性分类的依据，将油品分为甲、乙、丙三类，如表11-1所示。

表11-1　油品危险特性分类

油品类别	闪点	举　例
甲	28℃以下	原油、汽油
乙(A)	28~45℃(含28℃、45℃)	喷气燃料、灯用煤油、-35号轻柴油
乙(B)	45~60℃(不含60℃)	轻柴油、重柴油、-20号重柴油
丙(A)	60~120℃	润滑油、100号重油
丙(B)	120℃以上	

第四节　闪点

可燃液体能挥发变成蒸气，进入空气中。温度升高，挥发加快。当挥发的蒸气和空气的混合物与火源接触能够闪出火花时，把这种短暂的燃烧过程称作闪燃，把发生闪燃的最低温度称作闪点。从消防观点来说，液体的闪点就是可能引起火灾的最低温度。闪点越低，引起火灾的危险性越大。

第五节　燃点

不论是固态、液态或气态的可燃物质，如与空气共同存在，当达到一定温度时，与火源接触就会燃烧，移去火源后还将继续燃烧。这时，可燃物质的最低温度叫做燃点，也称为着火点。一般液体燃点高于闪点，易燃液体的燃点比闪点高1~5℃。

第六节　自燃

在通常条件下，一般可燃物质和空气接触都会发生缓慢的氧化过程，但速度很慢，析出的热量也很少，同时不断向四周环境散热，不能像燃烧那样发出光。如果温度升高或其他条件改变，氧化过程就会加快，析出的热量增多，不能全部散发掉就积累起来，使温度逐步升高。当到达这种物质自行燃烧的温度时，就会燃烧起来，这就是自燃。使某种物质受热发生自燃的最低温度就是该物质的自燃点，也叫自燃温度。

第七节　冷滤点

冷滤点是指在规定条件下，当试油通过过滤器每分钟不足 20mL 时的最高温度(即流动点使用的最低环境温度)。

根据国标(GB 252—2011)，轻柴油规格按凝点分为 10 号、5 号、0 号、-10 号、-20 号、-35 号和-50 号 7 个牌号，分别表示凝点不高于 10℃、5℃、0℃、-10℃、-20℃、-35℃和-50℃；牌号越高，凝点越低。

冷滤点是衡量轻柴油低温性能的重要指标，能够反映柴油低温实际使用性能，最接近柴油的实际最低使用温度。用户在选用柴油牌号时，应同时兼顾当地气温和柴油牌号对应的冷滤点。5 号轻柴油的冷滤点为 8℃，0 号轻柴油的冷滤点为 4℃，-10 号轻柴油的冷滤点为-5℃，-20 号轻柴油的冷滤点为-14℃。

第三部分

油气集输虚拟仿真系统

第十二章　虚拟仿真系统工艺说明

虚拟仿真系统分为两个子系统，分别为虚拟现实系统(Virtual Reality System，简称VRS)和集散控制系统(Distributed Control System，简称DCS)。

在VRS系统中，采用三维虚拟现实场景设计技术，按照真实工厂设备进行仿真建模，依据设备布局图进行场景布局，将真实工厂在计算机中再现，满足用户无法进入真实工厂实践的需求。

在DCS系统中，以真实工艺指标为标准，结合真实工艺流程，模拟真实工厂的工作状况，设置了工厂装置的正常运行、事故处理等功能状态。通过学习，为将来入厂后操作DCS奠定良好基础。

在虚拟仿真系统中，实现了VRS与DCS交互功能，真实模拟工厂中内操作员(DCS操作员)与外操作员(装置现场操作员)协作，内操作员完成电动阀门操作，外操作员按照内操作员指令完成手动阀门操作，展现了真实工厂的工作环境和工作流程。

虚拟仿真系统基于实际工厂，却又高于实际工厂，使用户足不出户即可进入真实工厂，节省了用户的时间和经费，达到事半功倍的效果。

第一节　装置概况

将实训基地内的采气区、天然气集输区、醇胺脱酸气区、三甘醇脱水区、凝液回收系统区、天然气处理区(首站、分输增压站、末站)、原油计量区、原油转输区、原油脱水区、原油存储区、DCS控制系统等做成相对独立又可形成一套完整的地面流程的实训设备。

一、单井集气

气井采出的天然气，经采气树节流阀调压后进入加热设备加热(水套炉)升温，升温后的天然气进入立式重力分离器。在分离器中除去液体和固体杂质，天然气从分离器上部出口出来经节流阀降压到系统设定压力进入计量管段，经计量装置计量后，进入集气支线输出。

二、天然气集输

各单井站经节流降压计量后输至集气站或由高压管线与集气站连接。在集气站的工艺过程一般包括：加热、降压、分离、计量等几部分。工艺过程为：阀门→换热器加热→压力调节阀→立式过滤分离器→流量计→汇管→脱酸气。

三、醇胺脱酸气

流程可划分为胺液高压吸收和低压再生两部分。原料气经涤气除去固液杂质后进入吸收塔(或称接触塔)。在塔内气体由下而上、胺液由上而下逆流接触，醇胺溶液吸收并和酸气发生化学反应形成胺盐，脱除酸气的产品气或甜气由塔顶流出。吸收酸气后的醇胺富液由吸收塔底流出，经升压泵升压后进入闪蒸罐，放出吸收的烃类气体和微量酸气。再经过滤器，贫-富胺液换热器，富胺液升高温度后进入再生塔上部，液体沿再生塔向下流动与重沸器来的高温水蒸气逆流接触，绝大部分酸性气体被解吸，恢复吸收能力的贫胺液由再生塔底流出，在换热器中与冷富液换热、降压、过滤，进一步冷却后，注入吸收塔顶部。再生塔顶流出的酸性气体经过冷凝，在回流罐分出液态吸收剂后，酸气送至回收装置生产硫磺或送至火炬灼烧，液态吸收剂作为再生塔顶回流。

四、三甘醇脱水

湿天然气由吸收塔下部进塔，三甘醇贫液由塔顶入塔，湿天然气与三甘醇贫液在塔盘处充分接触，天然气中的水被三甘醇贫液吸收后变成干天然气，从塔顶流出进入外输系统，经脱水的干天然气可以达到一般管输天然气的含水量指标。从天然气中吸收水分后的三甘醇溶液由贫液变成富液，从吸收塔底部流出，经升压泵升压后进入闪蒸罐，放出吸收的烃类气体和微量水气。再经过滤器流入贫-富甘醇换热器，三甘醇富液被预热到一定温度后进入再生塔上部，在再生塔中，经蒸汽加热，富液中大部分水分变成蒸汽，由再生塔顶部离开系统；富液再生后变成贫液，由再生塔底部流出进入换热器，在换热器内与富液换热后，进入吸收塔上部循环使用。富液过滤器主要用于分离甘醇溶液中的固体杂质和变质产物，保持三甘醇溶液的洁净。

五、凝液回收

用透平膨胀机代替节流阀，即为透平膨胀机制冷。高压气体通过透平膨胀机进行绝热膨胀时，在压力、温度降低的同时，对膨胀机轴做功。轴的另一端常带有制动压缩机为气体增压，气体在膨胀机内的等熵效率约为80%，机械效率为95%~98%。气体在膨胀机内的膨胀近似为等熵过程。

原料气自脱水系统进入装置后与脱甲烷塔来的冷天然气进行换热降温后进入低温分离器(透平膨胀机入口分离器)，分出凝析油。低温气体通过透平膨胀机膨胀，进入脱甲烷塔。脱甲烷塔实为分馏塔，轻组分为甲烷，以蒸气从塔顶流出；重组分以液体从塔底流出。由上而下脱甲烷塔的温度逐步升高，低温分离器分出的凝析油在塔温接近油温处进入脱甲烷塔，分析凝液的甲烷，使塔底产品内甲烷和乙烷得到一定程度的稳定。

六、天然气处理

输气首站：指输气管道的起点站，一般具有分离、调压、计量、清管功能。分输增压站：指在输气管道沿线，为分输天然气至沿线用户而设置的站；一般具有分离、调(增)压、计量、清管等功能。输气末站：指输气管道的终点站，一般具有分离、调压、计量、配气、清管功能，常与城市门站邻建或合建。

七、原油计量

流量计阀组分为两部分，第一部分为原油进集输装置时初始的计量阀组，第二部分为原油输出气体分离罐时候的精确计量阀组。工艺过程为流量计阀组→分离计量器→加药→流量计阀组。可实现原油的准确计量和对计量工段操作和流程的理解。

八、油品转输

原油经过初步的脱天然气计量后，进入分离缓冲罐，通过换热器对原油进行加热后进入沉降罐或进入脱水单元。自一级沉降来的原油经加药系统加入缓释剂后进入二级沉降器继续沉降。

九、原油脱水

加热后的原油经过三相分离器分离出水、原油和天然气。分离后的原油可进入电脱水继续深度脱水，或直接进入沉降罐进行沉降。

十、原油储存稳定

原油经过脱水后进入一级沉降罐，进一步沉降后进入二级沉降罐，合格的原油可进入原油罐等待外输。如原油中轻组分比较多，可进入闪蒸罐后再进行初步的精馏，分离出轻组分。在各级排水装置中的污水可进入污水罐进行集中处理或外输到污水处理公司。

第二节　工艺原理

一、单井集气

把从气井采出的含有液(固)体杂质的高压天然气，变成适合矿场集输的合格天然气外输的设备组合称为采气。在单个、多个井口采气井场，安装一套天然气加热、调压、分离、计量和放空等设备的流程称为单井采气工艺流程。

二、天然气集输

把几口单井的采气流程集中在气田某一适当位置进行集中采气和管理的流程称为集气流程。天然气集输工艺主要任务是对单井采集的气体进行集中，然后脱除天然气气体中的液固杂质。

三、醇胺脱酸气

天然气中含有硫化氢、有机硫等大量酸性气体。硫化氢具有很强的还原性，易受热分解，有氧存在时易腐蚀金属；有水存在时，形成氢硫酸，对金属造成较大的腐蚀性；硫化氢还会产生氢脆腐蚀等，而且是有毒气体，因此天然气不管作为民用还是工业用，必须去除天然气中的酸性部分。天然气中除酸性组分的工艺流程称为脱硫。

四、三甘醇脱水

天然气在进输气管道中将逐渐冷却，天然气中的饱和水蒸气逐渐析出形成水等凝析液体。液体伴随天然气流动，并在管道低洼处积蓄起来，造成输气阻力增大。当液体积蓄到形成断塞时，其流动具有巨大的惯性，将造成管线末端分离器的液体捕集器损坏。管道中有液体存在，会降低管线的输送能力。水及其他液体在管道中和天然气中的硫化氢、二氧化碳形成腐蚀液，造成管道内腐蚀，缩短管道的使用寿命，同时增大了爆管的频率。水在管道中容易形成水合物，堵塞管道，影响安全生产。

五、凝液回收

从气体内回收凝液的目的有三种：满足管输的要求；满足天然气燃烧值要求；在某些条件下，能最大限度地追求凝液的回收量，使天然气成为贫气。开采的气体内含中间和重组分越多，气体的临界凝析温度越高。这种气体在管输过程中，随压力和温度条件的变化将产生凝液，使管内产生两相流动，降低输量、增大压降，在管线终端还需设置价格昂贵的液塞捕集器分离气液、均衡捕集器气液出口的压力和流量，使下游设备能正常运行。为使输气管道内不产生两相流动，气体进入干线输气管道前，一般需脱除较重组分，使气体在管输压力下的烃露点低于管输温度。各国或气体销售合同对商品天然气的热值都有规定，热值一般应控制在 35.4~37.3MJ/m^3 范围内，热值也不是越高越好，最大应不高于 41MJ/m^3。因此，对于较富的气体，特别是油田伴生气和凝析气，一般都需回收轻油，否则热值将超过规定范围。液体石油产品的价格一般高于热值相当的气体产品，也即回收的液态轻烃价格常高于热值相当的气体，多数情况下回收轻烃都能获得丰厚的利润。

六、天然气处理

输配气站由：输气首站、分输增压站、输气末站组成一套输配气工艺流程。

七、原油计量

单井采油后进行原油的计量和集输工艺，是原油储运的重要工作内容。原油计量实训操作站分为两部分内容——流量计阀组和气体分离计量部分。

八、油品转输

稠油分离缓冲罐、加热炉、缓释剂加药装置；流程包括稠油分离缓冲罐，原油的加药操作；可实现油水的一级分离，原油进装置的缓冲和原油的加热功能。

九、原油脱水

原油脱水操作站主要包括三相分离器、电脱水装置；流程为两种分离器，主要实现三种不同物质的分离，通过二次装置分离，可实现天然气、原油和水的分离。

十、原油储存稳定

储存稳定实训操作站主要包括一级沉降罐、二级沉降罐、污水罐；设备装置包括两个原油罐和一个污水罐，原油罐分为两级，能更好的进行原油的净化和原油的储存作用，污水罐作为装置中原油排水的储存罐。

原油稳定主要包括闪蒸罐及稳定塔系统，目的是脱出原油内的轻组分。对原油进行稳定。

第三节 主要设备

系统中的主要设备如表 12-1 所示。

表 12-1 主要设备清单

序号	设备编号	设备名称
1	D-1101A	采气井
2	D-1101B	采气井
3	F-1101	水套加热炉
4	V-1101	立式重力分离器
5	V-1201	立式分离器
6	H-1201	汇管
7	V-1301	涤气分离器
8	V-1302	甜气分离器
9	V-1303	闪蒸罐
10	V-1304	回流罐
11	T-1301	酸气吸收塔
12	T-1302	醇胺再生塔
13	G-1301	除固过滤器
14	G-1302	碳粒过滤器
15	V-1401	闪蒸罐
16	T-1401	水气吸收塔
17	T-1402	三甘醇再生塔
18	G-1401	除雾器
19	G-1402	织物过滤器
20	G-1403	活性炭过滤器
21	V-1501	气液分离器
22	T-1501	脱甲烷塔
23	V-1601	旋风分离器
24	G-1601	过滤器
25	V-1602	发球筒

续表

序号	设备编号	设备名称
26	V-1701	旋风分离器
27	G-1701	过滤器
28	V-1702	发球筒
29	V-1703	收球筒
30	V-1801	旋风分离器
31	G-1801	过滤器
32	V-802	收球筒
33	V-2103A/B/C	单井气液分离器 A/B/C
34	V-2101	分离计量器
35	V-2102	破乳剂加药箱
36	V-2201	分离缓冲罐
37	F-2201	水套加热炉
38	V-2202	缓蚀剂加药箱
39	V-2301	三相分离器
40	V-2302	电脱水
41	V-2401	闪蒸罐
42	T-2401	精馏塔
43	V-2402	回流罐
44	V-2403	一级沉降罐
45	V-2404	二级沉降罐
46	V-2405	污水池
47	E-2401	重沸器
48	A-2401	回流冷凝器
49	V-2406	液化气储罐

第四节　主要仪表指标

一、主要控制仪表

系统中主要控制仪表如表 12-2 所示。

表 12-2　主要控制仪表

序号	位号	正常值	单位	说明
1	FIC-1101	20. 50	m^3/h	立式重力分离器出口流量控制
2	PIC-1201	3. 50	MPa	立式分离器压力控制
3	LIC-1305	50. 00	%	酸气吸收塔液位控制
4	LIC-1306	50. 00	%	醇胺再生塔液位控制
5	LIC-1402	50. 00	%	水气吸收塔液位控制

续表

序号	位号	正常值	单位	说明
6	LIC-1403	50.00	%	三甘醇再生塔液位控制
7	PIC-1703	0.9	MPa	旋风分离器出口压力控制
8	PIC-1704	0.9	MPa	过滤器出口压力控制
9	FIC-1601	11000	m^3/h	旋风分离器出口流量控制
10	FIC-1602	11000	m^3/h	过滤器出口流量控制
11	FIC-1701	850	m^3/h	分输站天然气出站流量控制
12	FIC-1802	8500	m^3/h	过滤器出口流量控制
13	FIC-1801	8500	m^3/h	旋风分离器出口流量控制
14	LIC-2201	50.00	%	分离缓冲罐污水液位控制
15	LIC-2202	50.00	%	分离缓冲罐原油液位控制
16	LIC-2301	50.00	%	三相分离器污水液位控制
17	LIC-2302	50.00	%	三相分离器原油液位控制
18	LIC-2303	50.00	%	电脱水罐污水液位控制
19	LIC-2304	50.00	%	电脱水罐净原油液位控制
20	LIC-2407	50.00	%	精馏塔液位控制

二、主要显示仪表

系统中主要显示仪表如表 12-3 所示。

表 12-3 主要显示仪表

序号	位号	正常值	单位	说明
1	LI-1101	20~80	%	立式重力分离器液位
2	LI-1102	70.00	%	水套加热炉液位
3	LI-1201	20~80	%	立式分离器液位
4	LI-1301	20.00	%	涤气分离器液位
5	LI-1302	20.00	%	甜气分离器液位
6	LI-1303	50.00	%	闪蒸罐 V-1303 液位
7	LI-1307	50.00	%	醇胺再生塔重沸器液位
8	LI-1308	50.00	%	醇胺再生塔回流罐液位
9	LI-1401	50.00	%	除雾器液位
10	LI-1404	50.00	%	闪蒸罐 V-1401 液位
11	LI-1501	50.00	%	气液分离器液位
12	LI-1502	50.00	%	脱甲烷塔液位
13	TI-1101	30.00	℃	水套加热炉进口温度
14	TI-1102	90.00	℃	水套加热炉温度
15	TI-1103	65.00	℃	立式重力分离器进口温度
16	TI-1104	63.00	℃	立式重力分离器温度
17	TI-1105	60.00	℃	立式重力分离器出口温度
18	TI-1201	33.00	℃	换热器 E-1201 进口温度

续表

序号	位号	正常值	单位	说明
19	TI-1202	65.00	℃	换热器 E-1201 出口温度
20	TI-1203	60.00	℃	立式分离器温度
21	TI-1301	22.00	℃	涤气分离器温度
22	TI-1302	28.00	℃	甜气分离器温度
23	TI-1303	35.00	℃	酸气吸收塔塔顶温度
24	TI-1304	33.00	℃	酸气吸收塔塔底温度
25	TI-1305	27.00	℃	闪蒸罐 V-1303 温度
26	TI-1306	107.00	℃	醇胺再生塔塔顶温度
27	TI-1307	120.00	℃	醇胺再生塔塔底温度
28	TI-1308	62.00	℃	醇胺再生塔回流温度
29	TI-1309	70.00	℃	醇胺再生塔回流罐温度
30	TI-1310	40.00	℃	空冷器 A-1302 出口温度
31	TI-1311	87.00	℃	换热器 E-1301 出口温度
32	TI-1401	28.00	℃	除雾器温度
33	TI-1402	35.00	℃	水气吸收塔塔顶温度
34	TI-1403	33.00	℃	水气吸收塔塔底温度
35	TI-1404	27.00	℃	闪蒸罐 V-1401 温度
36	TI-1405	107.00	℃	三甘醇再生塔塔顶温度
37	TI-1406	120.00	℃	三甘醇再生塔塔底温度
38	TI-1407	87.00	℃	换热器 E-1401 出口温度
39	TI-1408	40.00	℃	水气吸收塔进吸收液温度
40	TI-1501	-60.90	℃	气液分离器温度
41	TI-1502	-91.40	℃	脱甲烷塔塔顶温度
42	TI-1503	-10.60	℃	脱甲烷塔塔底温度
43	TI-1504	-8.70	℃	进气预热器出口温度
44	TI-1505	5.60	℃	再沸器 E-1502 出口温度
45	TI-1506	-94.60	℃	透平膨胀机出口温度
46	TI-1507	-77.10	℃	脱甲烷塔中部进料温度
47	TI-1508	25.00	℃	空冷器 A-1501 出口温度
48	PI-1101	4.40	MPa	采气井压力
49	PI-1102	4.40	MPa	采气井压力
50	PI-1103	4.40	MPa	采气井压力
51	PI-1104	4.40	MPa	采气井压力
52	PI-1105	0.01	MPa	水套加热炉压力
53	PI-1106	4.00	MPa	立式重力分离器压力
54	PI-1202	3.50	MPa	汇管压力
55	PI-1301	2.80	MPa	涤气分离器压力
56	PI-1302	2.70	MPa	甜气分离器压力
57	PI-1303	2.70	MPa	酸气吸收塔塔顶压力
58	PI-1304	2.80	MPa	酸气吸收塔塔底压力
59	PI-1305	3.20	MPa	闪蒸罐 V-1303 压力

续表

序号	位号	正常值	单位	说明
60	PI-1306	3.00	MPa	醇胺再生塔塔顶压力
61	PI-1307	3.10	MPa	醇胺再生塔塔底压力
62	PI-1308	2.90	MPa	醇胺再生塔回流罐压力
63	PI-1401	2.60	MPa	除雾器压力
64	PI-1402	2.60	MPa	水气吸收塔塔顶压力
65	PI-1403	2.70	MPa	水气吸收塔塔底压力
66	PI-1404	3.10	MPa	闪蒸罐 V-1401 压力
67	PI-1405	2.90	MPa	三甘醇再生塔塔顶压力
68	PI-1406	3.00	MPa	三甘醇再生塔塔底压力
69	PI-1501	2.20	MPa	气液分离器压力
70	PI-1502	1.60	MPa	脱甲烷塔塔顶压力
71	PI-1503	1.70	MPa	脱甲烷塔塔底压力
72	FI-1201	125.00	m^3/h	立式分离器出口流量
73	PI-1601	1.7	MPa	汇管 H-1601 压力
74	PI-1602	1.6	MPa	旋风分离器出口压力
75	PI-1603	1.6	MPa	过滤器出口压力
76	PI-1604	1.4	MPa	汇管 H-1602 压力
77	PI-1605	1.4	MPa	发球筒出口压力
78	PI-1701	1	MPa	收球筒入口压力
79	PI-1702	1	MPa	汇管 H-1701 压力
80	PI-1705	0.9	MPa	汇管 H-1702 压力
81	PI-1706	0.9	MPa	分输站天然气出站压力
82	PI-1707	1.4	MPa	发球筒出口压力
83	PI-1801	1.1	MPa	收球筒入口压力
84	PI-1802	1.1	MPa	汇管 H-1801 压力
85	PI-1803	1	MPa	旋风分离器出口压力
86	PI-1804	1	MPa	过滤器出口压力
87	PI-1805	0.9	MPa	汇管 H-1802 压力
88	PI-2101	5.4	MPa	单井气液分离器 A 出口压力
89	PI-2102	5.4	MPa	单井气液分离器 B 出口压力
90	PI-2103	5.4	MPa	单井气液分离器 C 出口压力
91	PI-2104	5.3	MPa	分离计量器压力
92	PI-2105	5.3	MPa	分离计量器出口压力
93	PI-2201	4.8	MPa	分离缓冲罐压力
94	PI-2202	0.01	MPa	水套加热炉压力
95	PI-2301	4.7	MPa	三相分离器压力
96	PI-2302	4.6	MPa	电脱水罐压力
97	PI-2401	3.8	MPa	闪蒸罐压力
98	PI-2402	4	MPa	精馏塔塔顶压力
99	PI-2403	4.1	MPa	精馏塔塔底压力
100	PI-2404	4	MPa	回流罐压力

续表

序号	位号	正常值	单位	说明
101	PI-2405	1.1	MPa	液化气储罐压力
102	LI-1601	50.00	%	旋风分离器液位
103	LI-1602	50.00	%	过滤器液位
104	LI-1701	50.00	%	旋风分离器液位
105	LI-1702	50.00	%	过滤器液位
106	LI-1801	50.00	%	旋风分离器液位
107	LI-1802	50.00	%	过滤器液位
108	LI-2101	50.00	%	破乳剂加药箱液位
109	LI-2102	50.00	%	单井气液分离器 A 液位
110	LI-2103	50.00	%	单井气液分离器 B 液位
111	LI-2104	50.00	%	单井气液分离器 C 液位
112	LI-2105	50.00	%	分离计量器液位
113	LI-2203	50.00	%	缓蚀剂加药箱液位
114	LI-2204	50.00	%	水套加热炉液位
115	LI-2401	50.00	%	闪蒸罐液位
116	LI-2402	50.00	%	一级沉降罐液位
117	LI-2403	50.00	%	二级沉降罐液位
118	LI-2404	50.00	%	污水池液位
119	LI-2405	50.00	%	重沸器液位
120	LI-2406	50.00	%	回流罐液位
121	LI-2408	50.00	%	液化气储罐液位
122	TI-1601	30	℃	旋风分离器温度
123	TI-1602	30	℃	过滤器温度
124	TI-1701	30	℃	旋风分离器温度
125	TI-1702	30	℃	过滤器温度
126	TI-1801	30	℃	旋风分离器温度
127	TI-1802	30	℃	过滤器温度
128	TI-2101	60	℃	单井气液分离器 A 出口温度
129	TI-2102	60	℃	单井气液分离器 B 出口温度
130	TI-2103	60	℃	单井气液分离器 C 出口温度
131	TI-2104	58	℃	分离计量器温度
132	TI-2105	58	℃	分离计量器出口温度
133	TI-2201	32	℃	分离缓冲罐温度
134	TI-2202	32	℃	水套加热炉入口温度
135	TI-2203	58	℃	水套加热炉出口温度
136	TI-2204	90	℃	水套加热炉水套温度
137	TI-2301	58	℃	三相分离器温度
138	TI-2302	65	℃	电脱水罐温度
139	TI-2401	47	℃	闪蒸罐温度
140	TI-2402	105	℃	精馏塔顶温度
141	TI-2403	120	℃	精馏塔底温度

续表

序号	位号	正常值	单位	说明
142	TI-2404	67	℃	回流罐温度
143	TI-2405	60	℃	回流罐回流温度
144	TI-2406	47	℃	精馏塔入口温度
145	TI-2407	40	℃	一级沉降罐温度
146	TI-2408	40	℃	二级沉降罐温度
147	TI-2409	40	℃	污水池温度
148	TI-2410	28	℃	液化气储罐温度
149	FI-2101	10.5	m^3/h	原油流量
150	FI-2102	10.5	m^3/h	原油流量
151	FI-2103	10.5	m^3/h	原油流量
152	FI-2104	33.5	m^3/h	原油流量
153	FI-2401	108	m^3/h	精馏塔进料流量

第五节　操作规程

一、天然气采输配、净化处理部分

1）冷态开车

（1）单井集气部分：

① 全开水套加热炉 F-1101 盘管至立式重力分离器 V-1101 出气阀门 XV-1102；

② 全开采气井至水套加热炉 F-1101 盘管进气阀门 XV-1101；

③ 全开水套加热炉 F-1101 燃料气阀门 XV-1109，水套加热炉开始加热；

④ 启动水套加热炉点火按钮 F-1101。

（2）天然气集输部分：

① 全开立式重力分离器 V-1101 出口流量阀 FIC-1101 前阀 XV-1105；

② 全开立式重力分离器 V-1101 出口流量阀 FIC-1101 后阀 XV-1106；

③ 打开立式重力分离器 V-1101 出口流量阀 FIC-1101，开度设为 50%；

④ 全开天然气至换热器 E-1201 进口阀门 XV-1203；

⑤ 全开天然气至换热器 E-1201 出口阀门 XV-1204；

⑥ 全开立式分离器 V-1201 压力调节阀 PIC-1201 前阀 XV-1205；

⑦ 全开立式分离器 V-1201 压力调节阀 PIC-1201 后阀 XV-1206；

⑧ 打开立式分离器 V-1201 压力调节阀 PIC-1201，开度设为 50%；

⑨ 全开换热器 E-1201 热水回水阀门 XV-1202；

⑩ 全开换热器 E-1201 热水上水阀门 XV-1201。

（3）醇胺脱酸气部分

① 全开醇胺再生塔 T-1302 塔底阀门 XV-1323；

② 全开醇胺再生塔 T-1302 至重沸器 E-1302 进口阀门 XV-1324；

③ 全开重沸器 E-1302 出口阀门 XV-1325；

④ 全开重沸器 E-1302 至醇胺再生塔 T-1302 阀门 XV-1328；

⑤ 全开醇胺再生塔 T-1302 重沸器 E-1302 蒸汽凝液出口阀门 XV-1327；

⑥ 全开醇胺再生塔 T-1302 重沸器 E-1302 蒸汽进口阀门 XV-1326，再生塔升温(装置打开电磁阀 KIV-104)；

⑦ 全开醇胺再生塔顶空冷器 A-1301 入口阀门 XV-1320；

⑧ 全开醇胺再生塔顶空冷器 A-1301 出口阀门 XV-1321；

⑨ 启动醇胺再生塔顶空冷器 A-1301；

⑩ 全开醇胺再生塔回流罐 V-1304 底部阀门 XV-1337；

⑪ 全开回流泵 P-1302 入口阀门 XV-1329；

⑫ 当醇胺再生塔回流罐 V-1304 液位 LI-1308 达 30%时，启动回流泵 P-1302；

⑬ 全开回流泵 P-1302 出口阀门 XV-1330；

⑭ 全开回流液进醇胺再生塔阀门 XV-1331，开始回流；

⑮ 全开醇胺再生塔 T-1302 液位调节阀 LIC-1306 前阀 XV-1332；

⑯ 全开醇胺再生塔 T-1302 液位调节阀 LIC-1306 后阀 XV-1333；

⑰ 打开醇胺再生塔 T-1302 液位调节阀 LIC-1306，开度设为 50%(装置通过 KIV-102、KIV-103 控制液位)；

⑱ 全开醇胺贫/富液换热器 E-1301 出口阀 XV-1336，吸收剂换热后进入碳粒过滤器 G-1302；

⑲ 全开醇胺空冷器 A-1302 入口阀门 XV-1340；

⑳ 启动醇胺空冷器 A-1302，吸收剂降温后进入酸气吸收塔 T-1301；

㉑ 全开酸气吸收塔 T-1301 底泵 P-1301 入口阀门 XV-1308；

㉒ 启动塔底泵 P-1301；

㉓ 全开酸气吸收塔 T-1301 底泵 P-1301 出口阀门 XV-1312；

㉔ 全开酸气吸收塔 T-1301 液位调节阀 LIC-1305 前阀 XV-1309；

㉕ 全开酸气吸收塔 T-1301 液位调节阀 LIC-1305 后阀 XV-1310；

㉖ 打开酸气吸收塔 T-1301 液位调节阀 LIC-1305，开度设为 50%，吸收剂进入闪蒸罐；

㉗ 全开闪蒸罐 V-1303 底部阀门 XV-1314，吸收剂进入除固过滤器；

㉘ 全开除固过滤器 G-1301 顶部阀门 XV-1315，吸收剂进入醇胺贫/富液换热器；

㉙ 全开醇胺贫/富液换热器 E-1301 出口阀 XV-1318，吸收剂换热后进入醇胺再生塔顶，开始循环；

㉚ 全开立式分离器 V-1201 出口阀门 XV-1209(装置打开电磁阀 KIV-101)；

㉛ 全开天然气进入汇管 H-1201 阀门 XV-1210；

㉜ 全开汇管 H-1201 至脱气系统涤气分离器 V-1301 阀门 XV-1211；

㉝ 全开涤气分离器 V-1301 进气阀门 XV-1301，天然气进入涤气分离器；

㉞ 全开涤气分离器 V-1301 顶部阀门 XV-1302，天然气分离出液体及杂质后进入酸气吸收塔；

㉟ 全开甜气分离器 V-1302 进口阀门 XV-1304，净天然气(甜气)从吸收塔顶出来进入甜气分离器；

㊱ 吸收了酸气的吸收剂为富液，闪蒸后释放大部分酸气进入酸气总管；闪蒸后的吸收剂进入再生塔上部，与底部上升的蒸汽逆流换热，吸收剂气体经空冷器冷凝后进入回流罐。全开回流罐顶阀门 XV-1322，未凝的气体(酸气)经放空口排出；

㊲ 全开涤气分离器 V-1301 底部阀门 XV-1303，控制液位 LI-1301 在 20%左右；

㊳ 全开甜气分离器 V-1302 底部阀门 XV-1305，控制液位 LI-1302 在 20%左右。

(4) 三甘醇脱水部分：

① 全开三甘醇再生塔 T-1402 蒸汽进口阀门 XV-1417，再生塔升温(装置打开电磁阀 KIV-106)；

② 全开三甘醇再生塔 T-1402 底部阀门 XV-1418；

③ 全开三甘醇再生塔 T-1402 液位调节阀 LIC-1403 前阀 XV-1419；

④ 全开三甘醇再生塔 T-1402 液位调节阀 LIC-1403 后阀 XV-1420；

⑤ 打开三甘醇再生塔 T-1402 液位调节阀 LIC-1403，开度设为 50%；

⑥ 全开三甘醇贫/富液换热器 E-1401 出口阀 XV-1423，吸收剂换热后进入水气吸收塔；

⑦ 全开水气吸收塔 T-1401 底泵 P-1401 入口阀门 XV-1402；

⑧ 启动塔底泵 P-1401；

⑨ 全开水气吸收塔 T-1401 底泵 P-1401 出口阀门 XV-1406；

⑩ 全开水气吸收塔 T-1401 液位调节阀 LIC-1402 前阀 XV-1403；

⑪ 全开水气吸收塔 T-1401 液位调节阀 LIC-1402 后阀 XV-1404；

⑫ 打开水气吸收塔 T-1401 液位调节阀 LIC-1402，开度设为 50%，吸收剂进入闪蒸罐；

⑬ 全开闪蒸罐 V-1401 底部阀门 XV-1408，吸收剂进入织物过滤器；

⑭ 全开织物过滤器 G-1402 顶部阀门 XV-1409，吸收剂进入活性炭过滤器；

⑮ 全开活性炭过滤器 G-1403 顶部阀门 XV-1410，吸收剂进入三甘醇贫/富液换热器；

⑯ 全开三甘醇贫/富液换热器 E-1401 出口阀 XV-1414，吸收剂换热后进入三甘醇再生塔顶，开始循环；

⑰ 全开甜气分离器 V-1302 顶部阀门 XV-1306，天然气(甜气)去脱水系统；

⑱ 全开水气吸收塔 T-1401 进气阀门 XV-1401，将天然气进入吸收塔；

⑲ 全开除雾器 G-1401 进口阀门 XV-1425，净天然气从吸收塔顶出；

⑳ 全开除雾器 G-1401 底部阀门 XV-1427，控制液位 LI-1401 在 20%左右。

（5）凝液回收部分：

① 全开除雾器 G-1401 顶部出口阀门 XV-1426，经除雾器分离的天然气去凝液回收系统；

② 全开进气预热器 E-1501 进口阀门 XV-1503，经过脱酸脱水的天然气进入预热器中【装置打开电磁阀 KIV-105】；

③ 全开进气预热器 E-1501 出口阀门 XV-1504；

④ 全开气液分离器 V-1501 进口阀门 XV-1505，降低温度后的天然气进入气液分离器；

⑤ 全开气液分离器 V-1501 顶部出口阀门 XV-1514，气体经顶部出来；

⑥ 全开透平膨胀机 C-1501 进口阀门 XV-1515，气体进入透平膨胀机膨胀段；

⑦ 启动透平膨胀机 C-1501，气体经透平膨胀后降低压力、温度，进入脱甲烷塔上部；

⑧ 全开气液分离器 V-1501 底部阀门 XV-1506，凝液经降压降温从底部出来进入脱甲烷塔中部；

⑨ 全开脱甲烷塔 T-1501 底部至再沸器 E-1502 进口阀门 XV-1508；

⑩ 全开再沸器 E-1502 出口返回塔底阀门 XV-1509；

⑪ 全开进气预热器 E-1501 进口阀门 XV-1502；

⑫ 全开进气预热器 E-1501 出口阀门 XV-1501，脱甲烷塔顶的低温轻组分经预热器升温后，进入透平膨胀机升压段；

⑬ 全开脱甲烷塔底再沸器 E-1502 进口阀门 XV-1510，升压后的轻组分进入脱甲烷塔底再沸器，与塔底组分换热；

⑭ 全开空冷器 A-1501 进口阀门 XV-1517；

⑮ 全开空冷器 A-1501 出口阀门 XV-1518；

⑯ 启动空冷器 A-1501，轻组分升至常温后送入长输部分；

⑰ 全开脱甲烷塔 T-1501 底部阀门 XV-1507，控制液位在 50%左右，将重组份排出装置。

（6）调整：

① 当立式重力分离器 V-1101 液位 LI-1101 超过 80%后，全开排净阀 XV-1111；

② 当立式重力分离器 V-1101 液位 LI-1101 排至 20%后，关闭排净阀 XV-1111；

③ 当立式分离器 V-1201 液位 LI-1201 超过 80%后，全开排净阀 XV-1213；

④ 当立式分离器 V-1201 液位 LI-1201 排至 20%后，关闭排净阀 XV-1213；

⑤ 将立式重力分离器 V-1101 出口流量 FIC-1101 投自动，设为 20.5m^3/h；

⑥ 将立式分离器 V-1201 压力调节 PIC-1201 投自动，设为 3.5MPa；

（7）质量指标：

① 水套加热炉 F-1101 温度 TI-1102；

② 水套加热炉 F-1101 出口温度 TI-1103；

③ 立式重力分离器 V-1101 出口流量 FIC-1101；

④ 立式分离器 V-1201 压力 PIC-1201；

⑤ 立式分离器 V-1201 温度 TI-1204；

⑥ 立式分离器 V-1201 出口流量 FI-1201；

⑦ 酸气吸收塔 T-1301 塔顶温度 TI-1303；

⑧ 酸气吸收塔 T-1301 塔顶压力 PI-1303；

⑨ 醇胺再生塔 T-1302 塔顶温度 TI-1306；

⑩ 醇胺再生塔 T-1302 塔顶压力 PI-1306；

⑪ 水气吸收塔 T-1401 塔顶温度 TI-1402；

⑫ 水气吸收塔 T-1401 塔顶压力 PI-1402；

⑬ 三甘醇再生塔 T-1402 塔顶温度 TI-1405；

⑭ 三甘醇再生塔 T-1402 塔顶压力 PI-1405；

⑮ 脱甲烷塔 T-1501 塔顶温度 TI-1502；

⑯ 脱甲烷塔 T-1501 塔顶压力 PI-1502。

2）正常运行

质量指标控制步骤：

① 水套加热炉 F-1101 温度 TI-1102；

② 水套加热炉 F-1101 出口温度 TI-1103；

③ 立式重力分离器 V-1101 出口流量 FIC-1101；

④ 立式分离器 V-1201 压力 PIC-1201；

⑤ 立式分离器 V-1201 温度 TI-1204；

⑥ 立式分离器 V-1201 出口流量 FI-1201；

⑦ 酸气吸收塔 T-1301 塔顶温度 TI-1303；

⑧ 酸气吸收塔 T-1301 塔顶压力 PI-1303；

⑨ 醇胺再生塔 T-1302 塔顶温度 TI-1306；

⑩ 醇胺再生塔 T-1302 塔顶压力 PI-1306；

⑪ 水气吸收塔 T-1401 塔顶温度 TI-1402；

⑫ 水气吸收塔 T-1401 塔顶压力 PI-1402；

⑬ 三甘醇再生塔 T-1402 塔顶温度 TI-1405；

⑭ 三甘醇再生塔 T-1402 塔顶压力 PI-1405；

⑮ 脱甲烷塔 T-1501 塔顶温度 TI-1502；

⑯ 脱甲烷塔 T-1501 塔顶压力 PI-1502。

3）正常停车

（1）单井集气部分：

① 停水套加热炉点火按钮 F-1101；

② 关闭水套加热炉 F-1101 燃料气阀门 XV-1109，停加热；

③ 关闭采气井至水套加热炉 F-1101 盘管进气阀门 XV-1101；

④ 关闭水套加热炉 F-1101 盘管至立式重力分离器 V-1101 出气阀门 XV-1102；

⑤ 全开立式重力分离器 V-1101 排净阀 XV-1111；

⑥ 当立式重力分离器 V-1101 液位 LI-1101 降为 0 时，关闭排净阀 XV-1111；

⑦ 全开水套加热炉 F-1101 排净阀 XV-1112；

⑧ 当水套加热炉 F-1101 液位 LI-1102 降为 0 时，关闭排净阀 XV-1112。

（2）天然气集输部分：

① 关闭换热器 E-1201 热水上水阀门 XV-1201；

② 关闭换热器 E-1201 热水回水阀门 XV-1202；

③ 关闭立式重力分离器 V-1101 出口流量阀 FIC-1101；

④ 关闭立式重力分离器 V-1101 出口流量阀 FIC-1101 前阀 XV-1105；

⑤ 关闭立式重力分离器 V-1101 出口流量阀 FIC-1101 后阀 XV-1106；

⑥ 关闭天然气至换热器 E-1201 进口阀门 XV-1203；

⑦ 关闭天然气至换热器 E-1201 出口阀门 XV-1204；

⑧ 关闭立式分离器 V-1201 压力调节阀 PIC-1201；

⑨ 关闭立式分离器 V-1201 压力调节阀 PIC-1201 前阀 XV-1205；

⑩ 关闭立式分离器 V-1201 压力调节阀 PIC-1201 后阀 XV-1206；

⑪ 全开立式分离器 V-1201 排净阀 XV-1213；

⑫ 当立式分离器 V-1201 液位 LI-1201 降为 0 时，关闭排净阀 XV-1213；

⑬ 关闭立式分离器 V-1201 出口阀门 XV-1209（装置关闭电磁阀 KIV-101）；

⑭ 关闭天然气进入汇管 H-1201 阀门 XV-1210；

⑮ 关闭汇管 H-1201 至脱气系统涤气分离器 V-1301 阀门 XV-1211。

（3）醇胺脱酸气部分：

① 关闭涤气分离器 V-1301 进气阀门 XV-1301；

② 关闭涤气分离器 V-1301 顶部阀门 XV-1302；

③ 关闭醇胺再生塔 T-1302 重沸器 E-1302 蒸汽进口阀门 XV-1326，再生塔降温；

④ 关闭醇胺再生塔 T-1302 重沸器 E-1302 蒸汽凝液出口阀门 XV-1327；

⑤ 当醇胺再生塔回流罐 V-1304 液位 LI-1308 降为 0 时，关闭回流泵 P-1302 出口阀门 XV-1330；

⑥ 停回流泵 P-1302；

⑦ 关闭回流泵 P-1302 入口阀门 XV-1329；

⑧ 关闭醇胺再生塔回流罐 V-1304 底部阀门 XV-1337；

⑨ 关闭回流液进醇胺再生塔阀门 XV-1331；

⑩ 关闭醇胺再生塔 T-1302 液位调节阀 LIC-1306；

⑪ 关闭醇胺再生塔 T-1302 液位调节阀 LIC-1306 前阀 XV-1332；

⑫ 关闭醇胺再生塔 T-1302 液位调节阀 LIC-1306 后阀 XV-1333；

⑬ 关闭醇胺贫/富液换热器 E-1301 出口阀 XV-1336；

⑭ 关闭醇胺空冷器 A-1302 入口阀门 XV-1340；

⑮ 关闭酸气吸收塔 T-1301 底泵 P-1301 出口阀门 XV-1312；

⑯ 停塔底泵 P-1301；

⑰ 关闭酸气吸收塔 T-1301 底泵 P-1301 入口阀门 XV-1308；

⑱ 关闭酸气吸收塔 T-1301 液位调节阀 LIC-1305；

⑲ 关闭酸气吸收塔 T-1301 液位调节阀 LIC-1305 前阀 XV-1309；

⑳ 关闭酸气吸收塔 T-1301 液位调节阀 LIC-1305 后阀 XV-1310；

㉑ 关闭闪蒸罐 V-1303 底部阀门 XV-1314；

㉒ 关闭除固过滤器 G-1301 顶部阀门 XV-1315；

㉓ 关闭醇胺贫/富液换热器 E-1301 出口阀 XV-1318；

㉔ 停醇胺再生塔顶空冷器 A-1301；

㉕ 停醇胺空冷器 A-1302；

㉖ 当醇胺再生塔 T-1302 降到微正压(0.2MPa)时，关闭回流罐 V-1301 顶放空口排出阀门 XV-1322；

㉗ 当酸气吸收塔 T-1301 降到微正压(0.2MPa)时，关闭甜气分离器 V-1302 顶部阀门 XV-1306；

㉘ 全开除固过滤器 G-1301 底部阀门 XV-1316；

㉙ 全开碳粒过滤器 G-1302 底部阀门 XV-1339；

㉚ 将除固过滤器 G-1301 内压力排净后，关闭排净阀 XV-1316，通知检修部分清理过滤器；

㉛ 将碳粒过滤器 G-1302 内压力排净后，关闭排净阀 XV-1339，通知检修部分清理过滤器；

㉜ 当涤气分离器 V-1301 液位 LI-1301 降为 0 时，关闭底部阀门 XV-1303；

㉝ 当甜气分离器 V-1302 液位 LI-1302 降为 0 时，关闭底部阀门 XV-1305；

㉞ 关闭分离器 V-1302 进口阀门 XV-1304；

㉟ 关闭醇胺再生塔 T-1302 塔底阀门 XV-1323；

㊱ 关闭醇胺再生塔 T-1302 至重沸器 E-1302 进口阀门 XV-1324；

㊲ 关闭重沸器 E-1302 出口阀门 XV-1325；

㊳ 关闭重沸器 E-1302 至醇胺再生塔 T-1302 阀门 XV-1328；

㊴ 全开醇胺再生塔重沸器底部排净阀门 XV-1338，将残余物料排净；

㊵ 当醇胺再生塔重沸器 E-1302 液位 LI-1307 降为 0 时，关闭阀门 XV-1338；

㊶ 关闭醇胺再生塔顶空冷器 A-1301 入口阀门 XV-1320；

㊷ 关闭醇胺再生塔顶空冷器 A-1301 出口阀门 XV-1321。

（4）三甘醇脱水部分：

① 关闭水气吸收塔 T-1401 进气阀门 XV-1401，切断天然气进料；

② 关闭三甘醇再生塔 T-1402 蒸汽进口阀门 XV-1417，再生塔降温；

③ 关闭三甘醇再生塔 T-1402 液位调节阀 LIC-1403；

④ 关闭三甘醇再生塔 T-1402 液位调节阀 LIC-1403 前阀 XV-1419；

⑤ 关闭三甘醇再生塔 T-1402 液位调节阀 LIC-1403 后阀 XV-1420；

⑥ 关闭三甘醇贫/富液换热器 E-1401 出口阀 XV-1423；

⑦ 关闭三甘醇再生塔 T-1402 底部阀门 XV-1418；

⑧ 关闭水气吸收塔 T-1401 底泵 P-1401 出口阀门 XV-1406；

⑨ 停塔底泵 P-1401；

⑩ 关闭水气吸收塔 T-1401 底泵 P-1401 入口阀门 XV-1402；

⑪ 关闭水气吸收塔 T-1401 液位调节阀 LIC-1402；

⑫ 关闭水气吸收塔 T-1401 液位调节阀 LIC-1402 前阀 XV-1403；

⑬ 关闭水气吸收塔 T-1401 液位调节阀 LIC-1402 后阀 XV-1404；

⑭ 关闭闪蒸罐 V-1401 底部阀门 XV-1408；

⑮ 关闭织物过滤器 G-1402 顶部阀门 XV-1409；

⑯ 关闭活性炭过滤器 G-1403 顶部阀门 XV-1410；

⑰ 关闭三甘醇贫/富液换热器 E-1401 出口阀 XV-1414；

⑱ 当两塔压力降到微正压(0.2MPa)时，关闭除雾器 G-1401 顶部出口阀门 XV-1426；

⑲ 全开织物过滤器 G-1402 底部阀门 XV-1411；

⑳ 全开活性炭过滤器 G-1403 底部阀门 XV-1412；

㉑ 将织物过滤器 G-1402 内压力排净后，关闭排净阀 XV-1411，通知检修部分清理过滤器；

㉒ 将活性炭过滤器 G-1403 内压力排净后，关闭排净阀 XV-1412，通知检修部分清理过滤器；

㉓ 当除雾器 G-1401 液位 LI-1401 降为 0 时，关闭底部阀门 XV-1427；

㉔ 关闭除雾器 G-1401 进口阀门 XV-1425。

（5）凝液回收部分：

① 关闭进气预热器 E-1501 进口阀门 XV-1503；

② 关闭进气预热器 E-1501 出口阀门 XV-1504；

③ 关闭气液分离器 V-1501 进口阀门 XV-1505；

④ 当气液分离器 V-1501 压力降到微正压(0.2MPa)时，关闭顶部出口阀门 XV-1514；

⑤ 关闭透平膨胀机 C-1501 进口阀门 XV-1515；

⑥ 停透平膨胀机 C-1501；

⑦ 当气液分离器 V-1501 液位 LI-1501 降为 0 时，关闭底部阀门 XV-1506；

⑧ 当脱甲烷塔 T-1501 塔温度升为常温，塔压降至微正压(0.2MPa)时，关闭阀门 XV-1502；

⑨ 关闭进气预热器 E-1501 出口阀门 XV-1501；

⑩ 关闭脱甲烷塔底再沸器 E-1502 进口阀门 XV-1510；

⑪ 关闭空冷器 A-1501 进口阀门 XV-1517；

⑫ 关闭空冷器 A-1501 出口阀门 XV-1518；

⑬ 停空冷器 A-1501；

⑭ 当脱甲烷塔 T-1501 塔釜液位 LI-1502 降为 0 时，关闭塔底出液阀XV-1507；

⑮ 关闭脱甲烷塔 T-1501 底部至再沸器 E-1502 进口阀门 XV-1508；

⑯ 关闭再沸器 E-1502 出口返回塔底阀门 XV-1509。

4）紧急停车

紧急停车步骤：

① 停水套加热炉点火按钮 F-1101；

② 关闭水套加热炉 F-1101 燃料气阀门 XV-1109，停加热；

③ 关闭采气井至水套加热炉 F-1101 盘管进气阀门 XV-1101；

④ 关闭水套加热炉 F-1101 盘管至立式重力分离器 V-1101 出气阀门XV-1102；

⑤ 关闭醇胺再生塔 T-1302 重沸器 E-1302 蒸汽进口阀门 XV-1326，再生塔降温；

⑥ 关闭醇胺再生塔 T-1302 重沸器 E-1302 蒸汽凝液出口阀门 XV-1327；

⑦ 关闭回流泵 P-1302 出口阀门 XV-1330；

⑧ 停回流泵 P-1302；

⑨ 关闭回流泵 P-1302 入口阀门 XV-1329；

⑩ 关闭醇胺再生塔 T-1302 液位调节阀 LIC-1306；

⑪ 关闭醇胺再生塔 T-1302 液位调节阀 LIC-1306 前阀 XV-1332；

⑫ 关闭醇胺再生塔 T-1302 液位调节阀 LIC-1306 后阀 XV-1333；

⑬ 关闭酸气吸收塔 T-1301 底泵 P-1301 出口阀门 XV-1312；

⑭ 停塔底泵 P-1301；

⑮ 关闭酸气吸收塔 T-1301 底泵 P-1301 入口阀门 XV-1308；

⑯ 关闭闪蒸罐 V-1303 底部阀门 XV-1314；

⑰ 关闭三甘醇再生塔 T-1402 蒸汽进口阀门 XV-1417，再生塔降温；

⑱ 关闭三甘醇再生塔 T-1402 液位调节阀 LIC-1403；

⑲ 关闭三甘醇再生塔 T-1402 液位调节阀 LIC-1403 前阀 XV-1419；

⑳ 关闭三甘醇再生塔 T-1402 液位调节阀 LIC-1403 后阀 XV-1420；
㉑ 关闭水气吸收塔 T-1401 底泵 P-1401 出口阀门 XV-1406；
㉒ 停塔底泵 P-1401；
㉓ 关闭水气吸收塔 T-1401 底泵 P-1401 入口阀门 XV-1402；
㉔ 关闭闪蒸罐 V-1401 底部阀门 XV-1408；
㉕ 停透平膨胀机 C-1501。

5）事故处理

（1）事故一（水套加热炉燃料气带油）：

① 在 HSE 事故确认界面，选择“水套加热炉燃料气带油”按钮进行事故汇报；
② 关闭水套加热炉燃料气手阀 XV-1109，水套加热炉降温；
③ 通知集输、除水和稳定部分降量处理；
④ 全开水套加热炉夹套手阀 XV-1112，将夹套内水放净；
⑤ 通知调度，燃料气带油，请公用工程部门尽快处理。

（2）事故二（闪蒸罐顶部法兰泄漏）：

① 在 HSE 事故确认界面，选择“闪蒸罐顶部法兰泄漏”按钮进行事故汇报；
② 现场救援：主操用广播对现场进行通知，说明泄漏点，并要求现场人员迅速往上风向进行撤离；
③ 佩戴好空气呼吸器、H_2S 便携式报警器和担架去事故现场；
④ 将中毒人员抬到泄漏点上风口处，进行通风；
⑤ 确认中毒人员呼吸停止，对其进行心肺复苏；
⑥ 在装置区拉警戒线将装置区隔离；
⑦ 紧急停工：关闭酸气吸收塔液位控制阀 LIC-1305；
⑧ 关闭醇胺富液泵 P-1301 出口阀 XV-1312；
⑨ 停醇胺富液泵 P-1301；
⑩ 关闭醇胺富液泵 P-1301 入口阀 XV-1308；
⑪ 汇报主操“醇胺富液泵已关闭”；
⑫ 当闪蒸罐 V-1303 液位 LI-1303 降为 0 时，关闭底部阀门 XV-1314；
⑬ 汇报主操“闪蒸罐进料已切断，闪蒸罐已经隔离”；
⑭ 关闭醇胺再生塔 T-1302 液位控制阀 LIC-1306；
⑮ 通知维修部门对法兰进行维修。

（3）事故三（空冷器泄漏）：

① 在 HSE 事故确认界面，选择“空冷器泄漏”按钮进行事故汇报；
② 通知凝液回收系统降量控制；

③ 停空冷器风机 A-1501；

④ 关闭空冷器进口手阀 XV-1517；

⑤ 关闭空冷器出口手阀 XV-1518；

⑥ 汇报主操“空冷器已隔离”；

⑦ 停透平膨胀机 C-1501；

⑧ 关闭透平膨胀机进口阀门 XV-1515；

⑨ 汇报主操“透平膨胀机已停止”；

⑩ 关闭气液分离器 V-1501 出口阀门 XV-1506；

⑪ 通知维修人员对空冷器进行维修；

⑫ 当脱甲烷塔 T-1501 液位 LI-1502 降为 0 时，关闭塔底出液阀 XV-1507。

（4）事故四（立式重力分离器 V-1101 超压）：

① 在 HSE 事故确认界面，选择“立式重力分离器 V-1101 超压”按钮进行事故汇报；

② 关闭水套加热炉 F-1101 瓦斯进气手阀 XV-1109；

③ 关闭立式重力分离器进气手阀 XV-1102；

④ 全开立式重力分离器出口流量自动阀 FIC-1101，开度设为 100%，尽快将压力降至正常值；

⑤ 全开手阀 XV-1111，将立式重力分离器液位降为 0；

⑥ 当立式重力分离器压力 PI-1106 降至 0MPa 时，关闭手阀 XV-1105；

⑦ 当立式重力分离器液位 LI-1101 降至零时，关闭手阀 XV-1111；

⑧ 通知维修人员对安全阀进行拆卸维修或更换。

二、天然气处理部分

1）冷态开车

（1）长输首站开车：

① 打开天然气进首站阀门 XV-1602，天然气进入首站汇管；

② 全开流量计 FIC-1601 前阀 XV-1605；

③ 全开流量计 FIC-1601 后阀 XV-1606；

④ 全开流量调节阀 FIV-1601 前阀 XV-1607；

⑤ 全开流量调节阀 FIV-1601 后阀 XV-1608；

⑥ 半开流量调节阀 FIV-1601（FIC-1601，手动 OP 为 50）；

⑦ 打开出站汇管 H-1602 出口阀 XV-1620；

⑧ 打开旋风分离器 V-1601 入口阀 XV-1604，天然气进入旋风分离器，经

过计量、调压进入出站汇管后出站，至分输站；

⑨ FIC-1601 为 11000m^3/h；

⑩ 全开流量计 FIC-1602 前阀 XV-1614；

⑪ 全开流量计 FIC-1602 后阀 XV-1615；

⑫ 全开流量调节阀 FIV-1602 前阀 XV-1616；

⑬ 全开流量调节阀 FIV-1602 后阀 XV-1617；

⑭ 半开流量调节阀 FIV-1602(FIC-1602，手动 OP 为 50)；

⑮ 打开过滤器 G-1601 入口阀 XV-1611，天然气进入旋风分离器，经过计量、调压进入出站汇管出站，至分输站；

⑯ FIC-1602 为 11000m^3/h；

⑰ 旋风分离器 V-1601 液位 LI-1601 涨至 70%后，开排净阀门 XV-1610；

⑱ 将液位 LI-1601 降至 30%后关阀 XV-1610，液位继续涨，如此反复；

⑲ 过滤器 G-1601 液位 LI-1602 涨至 70%后，开排净阀门 XV-1613；

⑳ 将液位 LI-1602 降至 30%后关阀 XV-1613，液位继续涨，如此反复。

（2）长输中间站开车：

① 打开天然气进中输站阀门 XV-1702，天然气进入中输站进站汇管；

② 全开压力调节阀 PIV-1701 前阀 XV-1708；

③ 全开压力调节阀 PIV-1701 后阀 XV-1709；

④ 半开压力调节阀 PIV-1701(PIC-1703，手动 OP 为 50)；

⑤ 开压缩机旁通阀 XV-1723；

⑥ 开压缩机旁通阀 XV-1724；

⑦ 开压缩机旁通阀 XV-1725；

⑧ 打开出站阀门 XV-1728；

⑨ 打开旋风分离器 V-1701 入口阀 XV-1707，天然气进入旋风分离器，经调压后出站；

⑩ PIC-1703 为 0.9MPa；

⑪ 全开压力调节阀 PIV-1702 前阀 XV-1713；

⑫ 全开压力调节阀 PIV-1702 后阀 XV-1714；

⑬ 半开压力调节阀 PIV-1702(PIC-1704，手动 OP 为 50)；

⑭ 打开过滤器 G-1701 入口阀 XV-1712；

⑮ PIC-1704 为 0.9MPa；

⑯ 打开压缩机 C-1701A 入口阀 XV-1722；

⑰ 启动压缩机 C-1701A(在辅操台)；

⑱ 关闭压缩机 C-1701A 旁通阀门 XV-1723；
⑲ 关闭压缩机 C-1701A 旁通阀门 XV-1724，天然气经压缩机升压后出站；
⑳ 全开流量调节阀 FIV-1701 前阀 XV-1719；
㉑ 全开流量调节阀 FIV-1701 后阀 XV-1720；
㉒ 半开流量调节阀 FIV-1701(FIC-1701，手动 OP 为 50)；
㉓ 打开分输汇管 H-1702 出口阀 XV-1718；
㉔ 打开阀 XV-1715，天然气经计量、调压后分输；
㉕ FIC-1701 为 850m^3/h；
㉖ 旋风分离 V-1701 器液位 LI-1701 涨至 70%后，开排净阀门 XV-1711；
㉗ 将液位 LI-1701 降至 30%后关阀 XV-1711，液位继续涨，如此反复；
㉘ 过滤器 G-1701 液位 LI-1702 涨至 70%后，开排净阀门 XV-1717；
㉙ 将液位 LI-1702 降至 30%后关阀 XV-1717，液位继续涨，如此反复。
（3）长输末站开车：
① 打开天然气进末站阀门 XV-1802；
② 打开汇管 H-1801 入口阀门 XV-1807，天然气进入末站汇管；
③ 全开流量计 FIC-1801 前阀 XV-1809；
④ 全开流量计 FIC-1801 后阀 XV-1810；
⑤ 全开流量调节阀 FIV-1801 前阀 XV-1812；
⑥ 全开流量调节阀 FIV-1801 后阀 XV-1813；
⑦ 半开流量调节阀 FIV-1801(FIC-1801，手动 OP 为 50)；
⑧ 打开出站汇管 H-1802 出口阀 XV-1823；
⑨ 打开旋风分离器 V-1801 入口阀 XV-1808，天然气进入旋风分离器，经过计量、调压进入出站汇管后出站，至城市门站；
⑩ FIC-1801 为 8500m^3/h；
⑪ 全开流量计 FIC-1802 前阀 XV-1818；
⑫ 全开流量计 FIC-1802 后阀 XV-1819；
⑬ 全开流量调节阀 FIV-1802 前阀 XV-1820；
⑭ 全开流量调节阀 FIV-1802 后阀 XV-1821；
⑮ 半开流量调节阀 FIV-1802(FIC-1802，手动 OP 为 50)；
⑯ 打开过滤器 G-1801 入口阀 XV-1815，天然气进入旋风分离器，经过计量、调压进入出站汇管出站，至城市门站；
⑰ FIC-1802 为 8500m^3/h；
⑱ 旋风分离 V-1801 器液位 LI-1801 涨至 70%后，开排净阀门 XV-1811；

⑲ 将液位 LI-1801 降至 30%后关阀 XV-1811，液位继续涨，如此反复；

⑳ 过滤器 G-1801 液位 LI-1802 涨至 70%后，开排净阀门 XV-1817；

㉑ 将液位 LI-1802 降至 30%后关阀 XV-1817，液位继续涨，如此反复。

（4）质量指标：

① FIC-1601 为 11000m^3/h；

② FIC-1602 为 11000m^3/h；

③ PIC-1703 为 0.9MPa；

④ PIC-1704 为 0.9MPa；

⑤ FIC-1701 为 850m^3/h；

⑥ FIC-1801 为 8500m^3/h；

⑦ FIC-1802 为 8500m^3/h。

2）正常运行

① FIC-1601 为 11000m^3/h；

② FIC-1602 为 11000m^3/h；

③ PIC-1703 为 0.9MPa；

④ PIC-1704 为 0.9MPa；

⑤ FIC-1701 为 850m^3/h；

⑥ FIC-1801 为 8500m^3/h；

⑦ FIC-1802 为 8500m^3/h。

3）收发球操作

（1）首站至中间站发球：

① 打开发球筒 V-1602 放空阀 XV-1622，将发球筒内压力彻底放空；

② 打开发球筒后快开盲板，装入清管器，将清管器拖入到发球筒前部，关闭快开盲板，关闭放空阀 XV-1622；

③ 打开发球筒 V-1602 入口阀门 XV-1619；

④ 关闭出站汇管 H-1602 出口阀 XV-1620；

⑤ 缓慢打开发球筒 V-1602 出口阀门 XV-1621 直至全部打开阀门将清管器发出(过球指示器数字发生变化)。

（2）首站至中间站收球：

① 打开收球筒 V-1703 入口阀门 XV-1704；

② 打开收球筒 V-1703 出口阀门 XV-1703；

③ 关闭天然气进中输站阀门 XV-1702，收球筒等待接收清管器；

④ 当过球指示器数字发生变化时，说明清管器已经进入收球筒中，此时打

开天然气进中输站阀门 XV-1702；

⑤ 关闭收球筒 V-1703 入口阀门 XV-1704；

⑥ 关闭收球筒 V-1703 出口阀门 XV-1703；

⑦ 打开收球筒 V-1703 放空阀 XV-1706，将收球筒内压力彻底放空，打开快开盲板，将清管器取出。

（3）中间站至末站发球：

① 打开发球筒 V-1702 放空阀 XV-1730，将发球筒内压力彻底放空；

② 打开发球筒后快开盲板，装入清管器，将清管器拖入到发球筒前部，关闭快开盲板，关闭放空阀 XV-1730；

③ 打开发球筒 V-1702 入口阀门 XV-1727；

④ 关闭中输站出站阀门 XV-1728；

⑤ 缓慢打开发球筒 V-1702 出口阀门 XV-1729 直至全部打开阀门将清管器发出(过球指示器数字发生变化)。

（4）中间站至末站收球：

① 打开收球筒 V-1802 入口阀门 XV-1801；

② 打开收球筒 V-1802 出口阀门 XV-1803；

③ 关闭天然气进末站阀门 XV-1802，收球筒等待接收清管器；

④ 当过球指示器数字发生变化时，说明清管器已经进入收球筒中，此时打开天然气进末站阀门 XV-1802；

⑤ 关闭收球筒 V-1802 入口阀门 XV-1801；

⑥ 关闭收球筒 V-1802 出口阀门 XV-1803；

⑦ 打开收球筒 V-1802 放空阀 XV-1805，将收球筒内压力彻底放空，打开快开盲板，将清管器取出。

4）越站操作

（1）首站越站：

① 打开首站越站阀门 XV-1603；

② 关闭首站进站阀门 XV-1602；

③ 关闭出站阀门 XV-1620；

④ 关闭旋风分离器入口阀门 XV-1604；

⑤ 关闭流量调节阀 FIV-1601(FIC-1601，手动 OP 为 0)；

⑥ 打开旋风分离器放净阀门 XV-1610；

⑦ 将旋风分离器内液体放净后，关闭 XV-1610；

⑧ 关闭过滤器入口阀门 XV-1611；

⑨ 关闭流量调节阀 FIV-1602（FIC-1602，手动 OP 为 0）；
⑩ 打开过滤器放净阀门 XV-1613；
⑪ 将过滤器内液体放净后，关闭 XV-1613。
（2）中间站越站：
① 打开越站阀门 XV-1701；
② 打开越站阀门 XV-1732；
③ 关闭进站阀门 XV-1702；
④ 关闭出站阀门 XV-1728；
⑤ 停压缩机 C-1701A（在辅操台）；
⑥ 关闭压缩机进口阀门 XV-1722；
⑦ 关闭压缩机出口阀门 XV-1725；
⑧ 关闭分输总阀门 XV-1718；
⑨ 关闭旋风分离器入口阀门 XV-1707；
⑩ 关闭压力调节阀 PIV-1701（PIC-1703，手动 OP 为 0）；
⑪ 打开旋风分离器放净阀门 XV-1711；
⑫ 将旋风分离器内液体放净后，关闭 XV-1711；
⑬ 关闭过滤器入口阀门 XV-1712；
⑭ 关闭压力调节阀 PIV-1702（PIC-1704，手动 OP 为 0）；
⑮ 打开过滤器放净阀门 XV-1717；
⑯ 将过滤器内液体放净后，关闭 XV-1717。
（3）末站越站：
① 打开越站阀门 XV-1806；
② 打开越站阀门 XV-1824；
③ 关闭进站阀门 XV-1802；
④ 关闭出站阀门 XV-1823；
⑤ 关闭旋风分离器入口阀门 XV-1808；
⑥ 关闭流量调节阀 FIV-1801（FIC-1801，手动 OP 为 0）；
⑦ 打开旋风分离器放净阀门 XV-1811；
⑧ 将旋风分离器内液体放净后，关闭 XV-1811；
⑨ 关闭过滤器入口阀门 XV-1815；
⑩ 关闭流量调节阀 FIV-1802（FIC-1802，手动 OP 为 0）；
⑪ 打开过滤器放净阀门 XV-1817；
⑫ 将过滤器内液体放净后，关闭 XV-1817。

5）正常停车

（1）长输首站停车：

① 关闭天然气进首站阀门 XV-1602；

② 打开过滤器 G-1601 放空阀 XV-1612；

③ 打开系统放空阀 XV-1623；

④ 压力泄掉后，关闭过滤器 G-1601 放空阀 XV-1612；

⑤ 关闭系统放空阀 XV-1623；

⑥ 关闭旋风分离器 V-1601 入口阀 XV-1604；

⑦ 关闭流量计 FIC-1601 前阀 XV-1605；

⑧ 关闭流量计 FIC-1601 后阀 XV-1606；

⑨ 关闭流量调节阀 FIV-1601 前阀 XV-1607；

⑩ 关闭流量调节阀 FIV-1601 后阀 XV-1608；

⑪ 关闭流量调节阀 FIV-1601(FIC-1601，手动 OP 为 0)；

⑫ 关闭过滤器 G-1601 入口阀 XV-1611；

⑬ 关闭流量计 FIC-1602 前阀 XV-1614；

⑭ 关闭流量计 FIC-1602 后阀 XV-1615；

⑮ 关闭流量调节阀 FIV-1602 前阀 XV-1616；

⑯ 关闭流量调节阀 FIV-1602 后阀 XV-1617；

⑰ 关闭流量调节阀 FIV-1602(FIC-1602，手动 OP 为 0)；

⑱ 关闭出站汇管 H-1602 出口阀 XV-1620；

⑲ 打开旋风分离器放净阀门 XV-1610；

⑳ 将旋风分离器内液体放净后，关闭 XV-1610；

㉑ 打开过滤器放净阀门 XV-1613；

㉒ 将过滤器内液体放净后，关闭 XV-1613。

（2）长输中间站停车：

① 停压缩机 C-1701A(在辅操台)；

② 关闭压缩机进口阀门 XV-1722；

③ 关闭压缩机出口阀门 XV-1725；

④ 关闭天然气进中输站阀门 XV-1702；

⑤ 打开过滤器 G-1701 放空阀 XV-1716；

⑥ 打开系统放空阀 XV-1731；

⑦ 压力泄掉后，关闭过滤器 G-1701 放空阀 XV-1716；

⑧ 关闭系统放空阀 XV-1731；

⑨ 关闭旋风分离器 V-1701 入口阀 XV-1707；
⑩ 关闭压力调节阀 PIV-1701 前阀 XV-1708；
⑪ 关闭压力调节阀 PIV-1701 后阀 XV-1709；
⑫ 关闭压力调节阀 PIV-1701（PIC-1703，手动 OP 为 0）；
⑬ 关闭过滤器 G-1701 入口阀 XV-1712；
⑭ 关闭压力调节阀 PIV-1702 前阀 XV-1713；
⑮ 关闭压力调节阀 PIV-1702 后阀 XV-1714；
⑯ 关闭压力调节阀 PIV-1702（PIC-1704，手动 OP 为 0）；
⑰ 关闭出站阀门 XV-1728；
⑱ 关闭出站汇管 H-1702 出口阀 XV-1718；
⑲ 关闭出站阀 XV-1715；
⑳ 关闭流量调节阀 FIV-1701 前阀 XV-1719；
㉑ 关闭流量调节阀 FIV-1701 后阀 XV-1720；
㉒ 关闭流量调节阀 FIV-1701（FIC-1701，手动 OP 为 0）；
㉓ 打开旋风分离器放净阀门 XV-1711；
㉔ 将旋风分离器内液体放净后，关闭 XV-1711；
㉕ 打开过滤器放净阀门 XV-1717；
㉖ 将过滤器内液体放净后，关闭 XV-1717。
（3）长输末站停车：
① 关闭天然气进末站阀门 XV-1802；
② 关闭汇管 H-1801 入口阀门 XV-1807；
③ 打开过滤器 G-1801 放空阀 XV-1816；
④ 压力泄掉后，关闭过滤器 G-1801 放空阀 XV-1816；
⑤ 关闭旋风分离器 V-1801 入口阀 XV-1808；
⑥ 关闭流量计 FIC-1801 前阀 XV-1809；
⑦ 关闭流量计 FIC-1801 后阀 XV-1810；
⑧ 关闭流量调节阀 FIV-1801 前阀 XV-1812；
⑨ 关闭流量调节阀 FIV-1801 后阀 XV-1813；
⑩ 关闭流量调节阀 FIV-1801（FIC-1801，手动 OP 为 0）；
⑪ 关闭过滤器 G-1801 入口阀 XV-1815；
⑫ 关闭流量计 FIC-1802 前阀 XV-1818；
⑬ 关闭流量计 FIC-1802 后阀 XV-1819；
⑭ 关闭流量调节阀 FIV-1802 前阀 XV-1820；

⑮ 关闭流量调节阀 FIV-1802 后阀 XV-1821；

⑯ 关闭流量调节阀 FIV-1802（FIC-1802，手动 OP 为 0）；

⑰ 关闭出站汇管 H-1802 出口阀 XV-1823；

⑱ 打开旋风分离器放净阀门 XV-1811；

⑲ 将旋风分离器内液体放净后，关闭 XV-1811；

⑳ 打开过滤器放净阀门 XV-1817；

㉑ 将过滤器内液体放净后，关闭 XV-1817。

6）事故处理

长输区中间站 DCS 系统停电：

① 在 HSE 事故确认界面，选择“长输区中间站 DCS 系统停电”按钮进行事故汇报（在辅操台）；

② 通知首站系统降量控制，（FIC-1601，手动 op 调小）；

③ 通知首站系统降量控制，（FIC-1602，手动 op 调小）；

④ 关闭中间站分输增压机 C-1701A（在辅操台）；

⑤ 关闭其进口阀门 XV-1722；

⑥ 关闭其出口阀门 XV-1725；

⑦ 开越站阀门 XV-1701；

⑧ 关进站阀门 XV-1702；

⑨ 关进站阀门 XV-1728；

⑩ 关分输线阀门 XV-1718，通知维修部门对 DCS 系统进行检修。

三、原油处理部分

1）冷态开车

（1）原油计量部分：

① 打开单井气液分离器 V-2103A 入口阀门 XV-2107，将原油引入单井气液分离器中；

② 打开单井气液分离器 V-2103A 顶排气阀门 XV-2108，伴生气从顶部排出；

③ 打开单井气液分离器 V-2103A 底排水阀门 XV-2109 污水从底部排出；

④ 打开过滤器 G-2101B 入口阀门 XV-2124；

⑤ 打开阀门 XV-2125；

⑥ 打开阀门 XV-2130，原油经过滤，计量，在线密度检测后，进入分离计量器中；

⑦ 打开单井气液分离器 V-2103B 入口阀门 XV-2104，将原油引入单井气液分离器中；

⑧ 打开单井气液分离器 V-2103B 顶排气阀门 XV-2106，伴生气从顶部排出；

⑨ 打开单井气液分离器 V-2103B 底排水阀门 XV-2105，污水从底部排出；

⑩ 打开过滤器 G-2101D 入口阀门 XV-2117；

⑪ 打开阀门 XV-2118；

⑫ 打开阀门 XV-2122，原油经过滤，计量，在线密度检测后，进入分离计量器中；

⑬ 打开单井气液分离器 V-2103C 入口阀门 XV-2101，将原油引入单井气液分离器中；

⑭ 打开单井气液分离器 V-2103C 顶排气阀门 XV-2103，伴生气从顶部排出；

⑮ 打开单井气液分离器 V-2103C 底排水阀门 XV-2102 污水从底部排出；

⑯ 打开过滤器 G-2101F 入口阀门 XV-2110；

⑰ 打开阀门 XV-2111；

⑱ 打开阀门 XV-2115，原油经过滤，计量，在线密度检测后，进入分离计量器中；

⑲ 分离计量器 V-2101 液位 LI-2102 达到 50%后，打开混合器 S-2101A 前阀门 XV-2132；

⑳ 打开混合器 S-2101A 后阀门 XV-2133；

㉑ 打开过滤器 G-2101H 入口阀门 XV-2136；

㉒ 打开过滤器 G-2101H 出口阀门 XV-2137，原油经混合，过滤，计量，在线密度检测后，去往下个工段；

㉓ 打开破乳剂加药箱 V-2102 搅拌 M-2101；

㉔ 打开加药泵 P-2101A 进口阀门 XV-2142；

㉕ 启动加药泵 P-2101A；

㉖ 打开加药泵 P-2101A 出口阀门 XV-2144，将破乳剂加入到原油管线中；

㉗ 打开加药罐回流阀门 XV-2145。

（2）原油转输部分：

① 打开分离缓冲罐 V-2201 入口阀门 XV-2201，经过加药的原油进入分离缓冲罐内；

② 打开分离缓冲罐 V-2201 污水出口阀门 XV-2202；

③ 全开调节阀 LIC-2201 前阀门 XV-2215；

④ 全开调节阀 LIC-2201 后阀门 XV-2216；

⑤ 半开调节阀 LIC-2201，罐内分离出部分污水后排掉；

⑥ 打开阀门离缓冲罐 V-2201 原油出口阀门 XV-2203；

⑦ 打开水套加热炉原油入口阀门 XV-2204；

⑧ 全开调节阀 LIC-2202 前阀门 XV-2218；

⑨ 全开调节阀 LIC-2202 后阀门 XV-2219；

⑩ 半开调节阀 LIC-2202，原油经自动阀进入水套加热炉盘管内；

⑪ 打开水套加热炉 F-2201 水入口阀门 XV-2217；

⑫ 当水套加热炉 F-2201 液位 LI-2204 达 80%，关闭阀门 XV-2217；

⑬ 打开水套加热炉 F-2201 燃料气阀门 XV-2221；

⑭ 水套加热炉 F-2201 点火升温(点击点火按钮 F-2201)，对原油进行加热；

⑮ 打开阀门 XV-2205；

⑯ 调节阀 LIC-2201 投自动，sv 设为 50%；

⑰ 调节阀 LIC-2202 投自动，sv 设为 50%。

（3）原油脱水部分：

① 打开三相分离器 V-2301 原油入口阀门 XV-2301，将原油进入三相分离器 V-2301 内；

② 打开三相分离器 V-2301 排气阀门 XV-2304，少量气体经分离器顶部溢出；

③ 打开三相分离器 V-2301 污水出口阀门 XV-2302；

④ 全开调节阀 LIC-2301 前阀门 XV-2309；

⑤ 全开调节阀 LIC-2301 后阀门 XV-2310；

⑥ 半开调节阀 LIC-2301，污水聚集到分离器底部，经自动阀排出到污水管网；

⑦ 打开三相分离器 V-2301 分离原油出口阀门 XV-2303；

⑧ 打开电脱水罐 V-2302 入口阀门 XV-2305；

⑨ 全开调节阀 LIC-2302 前阀门 XV-2312；

⑩ 全开调节阀 LIC-2302 后阀门 XV-2313；

⑪ 半开调节阀 LIC-2302，分离原油经自动阀进入到电脱水罐 V-2302 中；

⑫ 点击电脱水罐 V-2302 通电开关按钮 C-2301，通电后进行原油脱水；

⑬ 打开电脱水罐 V-2302 污水出口阀门 XV-2307；

⑭ 全开调节阀 LIC-2303 前阀门 XV-2316；

⑮ 全开调节阀 LIC-2303 后阀门 XV-2315；

⑯ 半开调节阀 LIC-2303，污水经自动阀排出到污水总管；

⑰ 打开电脱水罐 V-2302 净原油出口阀门 XV-2308；

⑱ 全开调节阀 LIC-2304 前阀门 XV-2318；

⑲ 全开调节阀 LIC-2304 后阀门 XV-2319；

⑳ 半开调节阀 LIC-2304，净原油经自动阀进入下一工段；

㉑ 调节阀 LIC-2301 投自动，sv 设为 50%；

㉒ 调节阀 LIC-2302 投自动，sv 设为 50%；

㉓ 调节阀 LIC-2303 投自动，sv 设为 50%；

㉔ 调节阀 LIC-2304 投自动，sv 设为 50%。

（4）存储稳定部分：

① 打开闪蒸罐 V-2401 原油入口阀门 XV-2401，净原油进入闪蒸罐中；

② 打开闪蒸罐 V-2401 排气阀门 XV-2402，闪蒸出部分气体去界外；

③ 打开原油经进料泵 P-2402 入口阀门 XV-2403；

④ 启动原油经进料泵 P-2402；

⑤ 打开原油经进料泵 P-2402 出口阀门 XV-2404；

⑥ 打开精馏塔入口阀门 XV-2419，原油打入精馏塔内；

⑦ 塔釜液位 LIC-2407 达 40%后，打开再沸器 E-2401 釜液入口阀门 XV-2411；

⑧ 打开再沸器 E-2401 釜液入口阀门 XV-2412；

⑨ 打开再沸器 E-2401 釜液出口阀门 XV-2413；

⑩ 打开再沸器 E-2401 蒸汽进口阀门 XV-2417；

⑪ 打开再沸器 E-2401 蒸汽凝液出口阀门 XV-2418，再沸器投用升温，塔温度压力升高；

⑫ 打开空冷器 A-2401 入口阀门 XV-2405；

⑬ 打开空冷器 A-2401 出口阀门 XV-2406；

⑭ 启动空冷器 A-2401；

⑮ 打开回流罐 V-2402 排气阀 XV-2407；

⑯ 回流罐 V-2402 内液位 LI-2406 达 30%后，打开回流泵 P-2401 入口阀门 XV-2408；

⑰ 启动回流泵 P-2401；

⑱ 打开回流泵 P-2401 出口阀门 XV-2409，打回流；

⑲ 全开调节阀 LIC-2407 前阀门 XV-2415；

⑳ 全开调节阀 LIC，2407 后阀门 XV-2416；

㉑ 塔釜液位 LIC-2407 达 50%后，半开自动阀 LIC-2407，将稳定原油出装置；

㉒ 调节阀 LIC-2407 投自动，sv 设为 50%。

2）正常运行

① 分离缓冲罐 V-2201 污水液位 LIC-2201 为 50%；

② 分离缓冲罐 V-2201 原油液位 LIC-2202 为 50%；

③ 三相分离器 V-2301 污水液位 LIC-2301 为 50%；

④ 三相分离器 V-2301 原油液位 LIC-2302 为 50%；

⑤ 电脱水罐 V-2302 污水液位 LIC-2303 为 50%；

⑥ 电脱水罐 V-2302 净原油液位 LIC-2304 为 50%；

⑦ 精馏塔 T-2401 液位 LIC-2407 为 50%。

3）原油的加药沉降流程

① 如原油轻组分较少并污水较多，则需进行加药沉降操作，打开阀门 XV-2306，将三相分离器内原油进入一级沉降罐 V-2403 内沉降；

② 一级沉降罐 V-2403 液位 LI-2402 达到 70%后，打开出口阀门 XV-2422；

③ 打开混合器 S-2201A 前阀门 XV-2211；

④ 打开混合器 S-2201A 后阀门 XV-2212；

⑤ 打开一级提升泵 P-2403，将原油转入二级沉降罐 V-2404 沉降；

⑥ 打开缓蚀剂加药箱 V-2202 搅拌 M-2201；

⑦ 打开加药泵 P-2201A 进口阀 XV-2209；

⑧ 打开加药泵 P-2201A；

⑨ 打开加药泵 P-2201A 出口阀 XV-2210，将缓蚀剂加入到原油中；

⑩ 二级沉降罐 V-2404 内液位 LI-2403 达 70%后，打开出口阀门 XV-2425；

⑪ 打开二级提升泵 P-2404，将沉降原油输出装置；

⑫ 打开一级沉降罐排污阀 XV-2423；

⑬ 打开二级沉降罐排污阀 XV-2424，将沉降罐内污水排至污水池；

⑭ 当污水池 V-2401 液位 LI-2404 达 70%后，打开出口阀门 XV-2410，将污水排至污水处理中心。

4）原油的单井计量操作

① 关闭阀门 XV-2130；

② 打开进计量器阀门 XV-2129，使单井气液分离器 V-2103A 的原油进入分离计量器上部的计量筒中，规定时间内单筒容积乘以反转次数，则算出单井流量；

③ 打开阀门 XV-2130；

④ 关闭进计量器阀门 XV-2129,；

⑤ 点击计数器清零按钮 G-2101；

⑥ 还原计数器清零按钮 G-2101；

⑦ 关闭阀门 XV-2122；

⑧ 打开进计量器阀门 XV-2123，使单井气液分离器 V-2103B 的原油进入分离计量器上部的计量筒中，规定时间内单筒容积乘以反转次数，则算出单井流量；

⑨ 打开阀门 XV-2122；

⑩ 关闭进计量器阀门 XV-2123；

⑪ 点击计数器清零按钮 G-2101；

⑫ 还原计数器清零按钮 G-2101；

⑬ 关闭阀门 XV-2115；

⑭ 打开进计量器阀门 XV-2116，使单井气液分离器 V-2103C 的原油进入分离计量器上部的计量筒中，规定时间内单筒容积乘以反转次数，则算出单井流量。

5）正常停车

（1）原油计量部分：

① 关闭加药泵 P-2101A 出口阀门 XV-2144；

② 停加药泵 P-2101A；

③ 关闭加药泵 P-2101A 进口阀门 XV-2142；

④ 关闭加药罐回流阀门 XV-2145；

⑤ 关闭破乳剂加药箱 V-2102 搅拌 M-2101；

⑥ 关闭单井气液分离器 V-2103A 入口阀门 XV-2107；

⑦ 关闭单井气液分离器 V-2103A 顶排气阀门 XV-2108；

⑧ 污水从底部排净后，关闭单井气液分离器 V-2103A 底排水阀门 XV-2109；

⑨ 关闭过滤器 G-2101B 入口阀门 XV-2124；

⑩ 关闭阀门 XV-2125；

⑪ 关闭阀门 XV-2130；

⑫ 关闭单井气液分离器 V-2103B 入口阀门 XV-2104；

⑬ 关闭单井气液分离器 V-2103B 顶排气阀门 XV-2106；

⑭ 污水从底部排净后，关闭单井气液分离器 V-2103B 底排水阀门 XV-2105；

⑮ 关闭过滤器 G-2101D 入口阀门 XV-2117；

⑯ 关闭阀门 XV-2118；

⑰ 关闭阀门 XV-2122，通知检修部门清理过滤器；

⑱ 关闭单井气液分离器 V-2103C 入口阀门 XV-2101；

⑲ 关闭单井气液分离器 V-2103C 顶排气阀门 XV-2103；

⑳ 污水从底部排净后，关闭单井气液分离器 V-2103C 底排水阀门 XV-2102；

㉑ 关闭过滤器 G-2101F 入口阀门 XV-2110；

㉒ 关闭阀门 XV-2111；

㉓ 关闭阀门 XV-2115，通知检修部门清理过滤器；

㉔ 分离计量器 V-2101 液位 LI-2102 降为 0 后，关闭混合器 S-2101A 前阀门 XV-2132；

㉕ 关闭混合器 S-2101A 后阀门 XV-2133；

㉖ 关闭过滤器 G-2101H 入口阀门 XV-2136；

㉗ 关闭过滤器 G-2101H 出口阀门 XV-2137；

㉘ 关闭水套加热炉 F-2201 燃料气阀门 XV-2221，停止加热；

㉙ 关闭分离缓冲罐 V-2201 入口阀门 XV-2201；

㉚ 分离缓冲罐 V-2201 污水液位 LIC-2201 降为 0 后，关闭分离缓冲罐 V-2201 污水出口阀门 XV-2202；

㉛ 关闭调节阀 LIC-2201 前阀门 XV-2215；

㉜ 关闭调节阀 LIC-2201 后阀门 XV-2216；

㉝ 关闭调节阀 LIC-2201；

㉞ 分离缓冲罐 V-2201 分离原油液位 LIC-2202 降为 0 后，关闭阀门离缓冲罐 V-2201 原油出口阀门 XV-2203；

㉟ 关闭水套加热炉原油入口阀门 XV-2204；

㊱ 关闭阀门 XV-2205；

㊲ 关闭调节阀 LIC-2202 前阀门 XV-2218；

㊳ 关闭调节阀 LIC-2202 后阀门 XV-2219；

㊴ 关闭调节阀 LIC-2202；

㊵ 打开水套加热炉夹套内水经排水阀 XV-2206；

㊶ 打开水套加热炉夹套内水排净后，关闭 XV-2206。

（2）原油脱水部分：

① 关闭三相分离器 V-2301 原油入口阀门 XV-2301；

② 三相分离器内压力常压时关闭阀门 XV-2304；

③ 三相分离器 V-2301 分离原油液位 LIC-2302 将为 0 后，关闭三相分离器 V-2301 分离原油出口阀门 XV-2303；

④ 关闭电脱水罐 V-2302 入口阀门 XV-2305；

⑤ 关闭调节阀 LIC-2302 前阀门 XV-2312；

⑥ 关闭调节阀 LIC-2302 后阀门 XV-2313；

⑦ 关闭调节阀 LIC-2302；

⑧ 三相分离器 V-2301 污水液位 LIC-2301 将为 0 后，关闭三相分离器 V-2301 污水出口阀门 XV-2302；

⑨ 关闭调节阀 LIC-2301 前阀门 XV-2309；

⑩ 关闭调节阀 LIC-2301 后阀门 XV-2310；

⑪ 关闭调节阀 LIC-2301；

⑫ 停电电脱水罐 V-2302 电源开关 C-2301；

⑬ 电脱水罐 V-2302 净原油液位 LIC-2304 降为 0 后，关闭电脱水罐 V-2302 净原油出口阀门 XV-2308；

⑭ 关闭调节阀 LIC-2304 前阀门 XV-2318；

⑮ 关闭调节阀 LIC-2304 后阀门 XV-2319；

⑯ 关闭调节阀 LIC-2304；

⑰ 电脱水罐 V-2302 污水液位 LIC-2303 降为 0 后，关闭电脱水罐 V-2302 污水出口阀门 XV-2307；

⑱ 关闭调节阀 LIC-2303 前阀门 XV-2316；

⑲ 关闭调节阀 LIC-2303 后阀门 XV-2315；

⑳ 关闭调节阀 LIC-2303。

（3）存储稳定部分：

① 关闭闪蒸罐 V-2401 原油入口阀门 XV-2401；

② 闪蒸罐 V-2401 内压力常压时，关闭闪蒸罐 V-2401 排气阀门 XV-2402；

③ 闪蒸罐液位 LI-2401 为零时，关闭原油经进料泵 P-2402 出口阀门 XV-2404；

④ 停原油经进料泵 P-2402；

⑤ 关闭原油经进料泵 P-2402 入口阀门 XV-2403；

⑥ 关闭精馏塔入口阀门 XV-2419；

⑦ 关闭再沸器 E-2401 蒸汽进口阀门 XV-2417，精馏塔降温，降压；

⑧ 关闭再沸器 E-2401 釜液入口阀门 XV-2412；

⑨ 关闭再沸器 E-2401 釜液出口阀门 XV-2413；

⑩ 打开再沸器 E-2401 釜液排放阀门 XV-2414；

⑪ 将再沸器 E-2401 排净后，关闭再沸器 E-2401 釜液排放阀门 XV-2414；

⑫ 关闭再沸器 E-2401 蒸汽凝液出口阀门 XV-2418；

⑬ 回流罐 V-2402 内液位 LI-2406 达 0%后，关闭回流泵 P-2401 出口阀门 XV-2409；

⑭ 停回流泵 P-2401；

⑮ 关闭回流泵 P-2401 入口阀门 XV-2408；

⑯ 停空冷器 A-2401；

⑰ 关闭空冷器 A-2401 入口阀门 XV-2405；

⑱ 关闭空冷器 A-2401 出口阀门 XV-2406；
⑲ 塔釜液位 LIC-2407 为零时，关闭自动阀 LIC-2407；
⑳ 关闭调节阀 LIC-2407 前阀门 XV-2415；
㉑ 关闭调节阀 LIC，2407 后阀门 XV-2416；
㉒ 关闭再沸器 E-2401 釜液入口阀门 XV-2411；
㉓ 回流罐压力为常压时，关闭 XV-2407；
㉔ 关闭阀门 XV-2306；
㉕ 当一级沉降罐液位 LI-2402 为零时，停一级提升泵 P-2403；
㉖ 关闭出口阀门 XV-2422，停止向二级沉降罐进料；
㉗ 关闭一级沉降罐排污阀 XV-2423；
㉘ 关闭加药泵 P-2201A 出口阀 XV-2210；
㉙ 关闭加药泵 P-2201A；
㉚ 关闭加药泵 P-2201A 进口阀 XV-2209，停止向原油管线内加缓蚀剂；
㉛ 关闭缓蚀剂加药箱 V-2202 搅拌 M-2201；
㉜ 当二级沉降罐液位 LI-2404 降为零时，关闭二级提升泵 P-2404；
㉝ 关闭出口阀门 XV-2425；
㉞ 关闭二级沉降罐排污阀 XV-2424；
㉟ 将污水污水全部排至界外后关闭污水池排污阀 XV-2410。
6）事故处理
（1）事故 1(输油区装置晃电)：
① 在 HSE 事故确认界面，选择“输油区装置晃电”按钮进行事故汇报；
② 开一级提升泵 P-2403；
③ 开二级提升泵 P-2404；
④ 开破乳剂加药箱搅拌 M-2101；
⑤ 关破乳剂加药泵 P-2101A 出口阀 XV-2144；
⑥ 开破乳剂加药泵 P-2101A；
⑦ 开破乳剂加药泵 P-2101A 出口阀 XV-2144；
⑧ 开缓蚀剂加药箱搅拌 M-2201；
⑨ 关缓蚀剂加药泵 P-2201A 出口阀 XV-2210；
⑩ 开缓蚀剂加药泵 P-2201A；
⑪ 开缓蚀剂加药泵 P-2201A 出口阀 XV-2210；
⑫ 关精馏塔回流泵 P-2401 出口阀 XV-2409；
⑬ 开精馏塔回流泵 P-2401；

⑭ 开精馏塔回流泵 P-2401 出口阀 XV-2409，汇报主操“精馏塔回流泵已开启，运行正常”；

⑮ 开空冷器 A-2401 风机，汇报主操“空冷器 A2401 风机已开启，运行正常”；

⑯ 关精馏塔进料泵 P-2402 出口阀 XV-2404；

⑰ 开精馏塔进料泵 P-2402；

⑱ 开精馏塔进料泵 P-2402 口阀 XV-2404，汇报主操“精馏塔进料泵已开启，运行正常”。

（2）事故 2(输油区仪表风停)：

① 在 HSE 事故确认界面，选择“输油区仪表风停”按钮进行事故汇报；

② 关破乳剂加药泵 P-2101A 出口阀 XV-2144；

③ 停破乳剂加药泵 P-2101A；

④ 关破乳剂加药泵 P-2101A 入口阀 XV-2142，汇报主操“破乳剂加药泵 A 已关闭”；

⑤ 关缓蚀剂加药泵 P-2201A 出口阀 XV-2210；

⑥ 停缓蚀剂加药泵 P-2201A；

⑦ 关缓蚀剂加药泵 P-2201A 入口阀 XV-2209，汇报主操“缓蚀剂加药泵 A 已关闭”；

⑧ 关水套加热炉瓦斯手阀 XV-2206，汇报主操“水套加热炉已停火”；

⑨ 关现场阀门 XV-2201，停止向分离缓冲罐内进油；

⑩ 关现场阀门 XV-2301，停止向三相分离器内进油；

⑪ 关现场阀门 XV-2305，停止向电脱水内进油；

⑫ 关精馏塔进料泵 P-2402 出口阀 XV-2404；

⑬ 停精馏塔进料泵 P-2402；

⑭ 关精馏塔进料泵 P-2402 入口阀 XV-2403，汇报主操“精馏塔进料泵已关闭”；

⑮ 关闭重沸器进蒸汽阀门 XV-2417，停重沸器蒸汽；

⑯ 关精馏塔回流泵 P-2401 出口阀 XV-2409；

⑰ 停精馏塔回流泵 P-2401；

⑱ 关精馏塔回流泵 P-2401 入口阀 XV-2408，汇报主操“精馏塔回流泵已关闭”。

（3）事故 3(精馏塔进料泵泄漏着火)：

① 在 HSE 事故确认界面，选择“精馏塔进料泵泄漏着火”按钮进行事故汇报；

② 停精馏塔进料泵 P-2402；

③ 关精馏塔进料泵 P-2402 前手阀 XV-2403；

④ 关精馏塔进料泵 P-2402 后手阀 XV-2404，用手持式灭火器进行灭火；

⑤ 关闭精馏塔再沸器蒸汽进气手阀 XV-2417；

⑥ 关精馏塔回流泵 P-2401 出口阀 XV-2409；

⑦ 停精馏塔回流泵 P-2401；

⑧ 关精馏塔回流泵 P-2401 入口阀 XV-2408，汇报主操“精馏塔回流泵已停止”；

（4）事故 4(输油区燃料气中断事故)；

① 在 HSE 事故确认界面，选择“输油区燃料气中断”按钮进行事故汇报；

② 关水套加热炉 F-2201 瓦斯进气手阀 XV-2221，汇报主操“水套加热炉燃料气已断开。”；

③ 关破乳剂加药泵 P-2101A 出口阀 XV-2144；

④ 停破乳剂加药泵 P-2101A；

⑤ 关破乳剂加药泵 P-2101A 入口阀 XV-2142，汇报主操“破乳剂加药泵 A 已关闭”；

⑥ 通知调度重新供给燃料气，开水套加热炉 F-2201 瓦斯进气手阀 XV-2221，通知调度重新供给燃料气；

⑦ 密切观察水套加热炉出口温度 TI-2203，如降至 10℃以下则采取停工处理”。

（5）事故 5(液化气储罐着火)：

① 在 HSE 事故确认界面，选择“液化气储罐着火”按钮进行事故汇报；

② 关闭液化气储罐进口手阀 XV-2427；

③ 关闭液化气储罐出口手阀 XV-2428，汇报主操“液化气储罐已隔离”；

④ 打开液化气储罐顶部消防水喷淋阀 KIV-208 进行罐体冷却，用移动式灭火器对着火点进行灭火。

（6）事故 6(气动调节阀 LI-V2304 故障)：

① 在 HSE 事故确认界面，选择“气动调节阀 LI-V2304 故障”按钮进行事故汇报；

② 关气动调节阀 LIV-2304 前手阀 XV-2318；

③ 关气动调节阀 LIV-2304 后手阀 XV-2319；

④ 开气动调节阀 LIV-2304 旁路手阀 XV-2320；

⑤ 与主控室主操联系，调节旁路手阀 XV-2320 到适当开度，使电脱水油相液位 LIC-2304 降至规定值(50%)。通知电气仪表维修部门对 LI-V2304 进行维修。

第六节 DCS 操作界面

一、天然气采输配、净化处理部分

(1) 单井集气部分 DCS 及现场图(图 12-1)

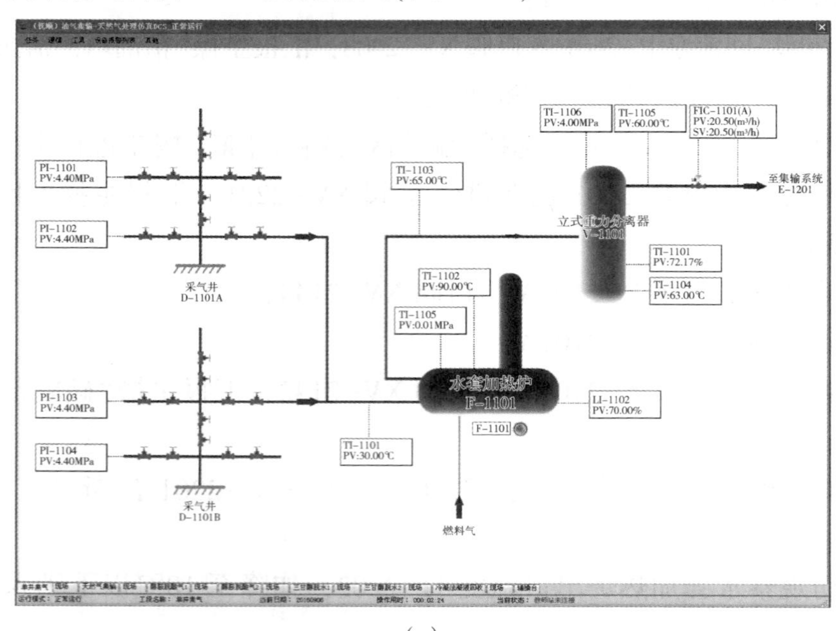

(a)

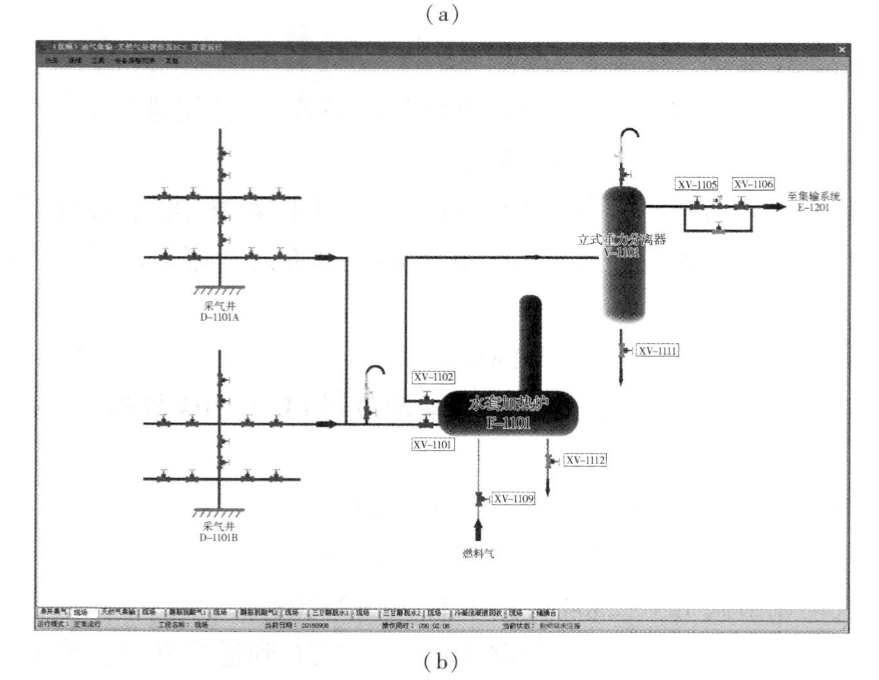

(b)

图 12-1 单井集气部分 DCS 及现场图

(2) 天然气集输部分 DCS 及现场图(图 12-2)

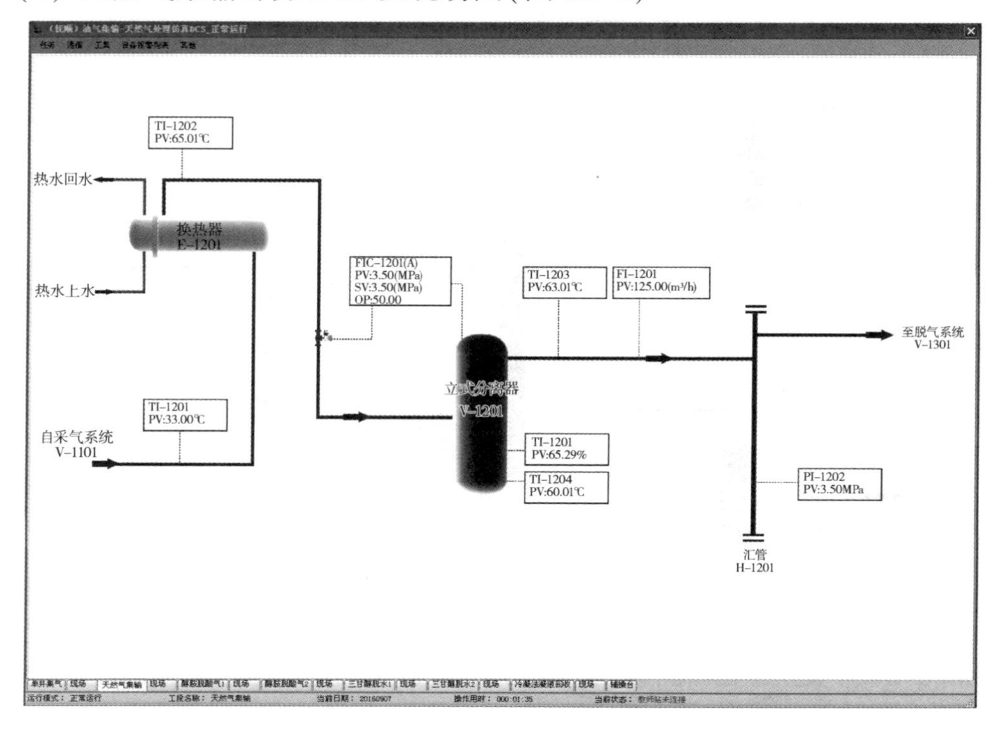

(a)

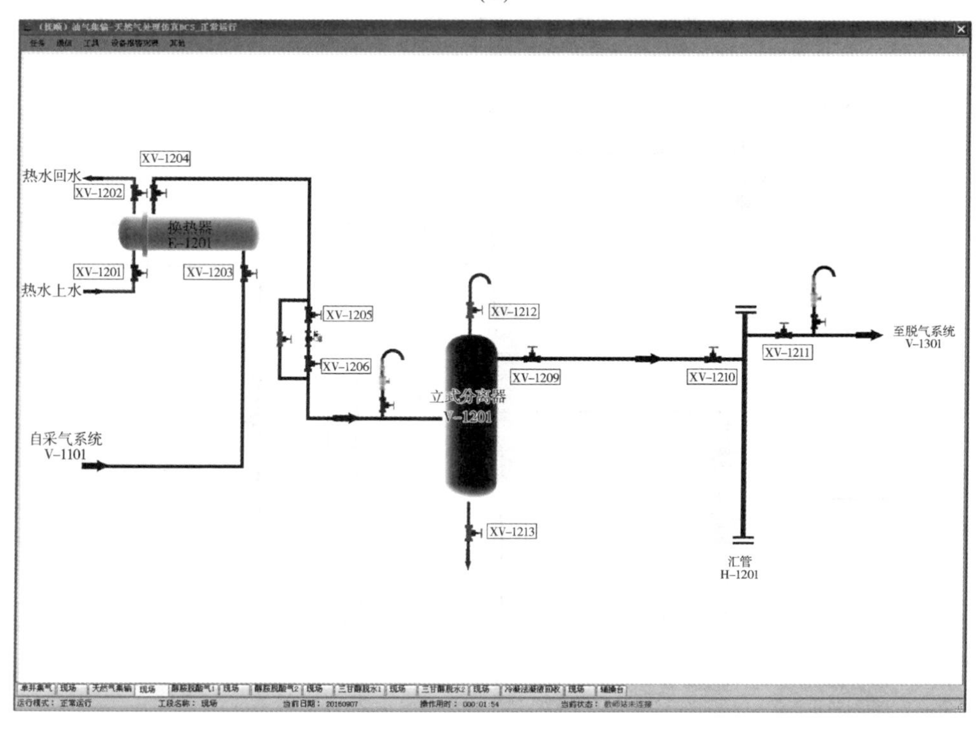

(b)

图 12-2　天然气集输部分 DCS 及现场图

（3）醇胺脱酸气1部分DCS及现场图(图12-3)

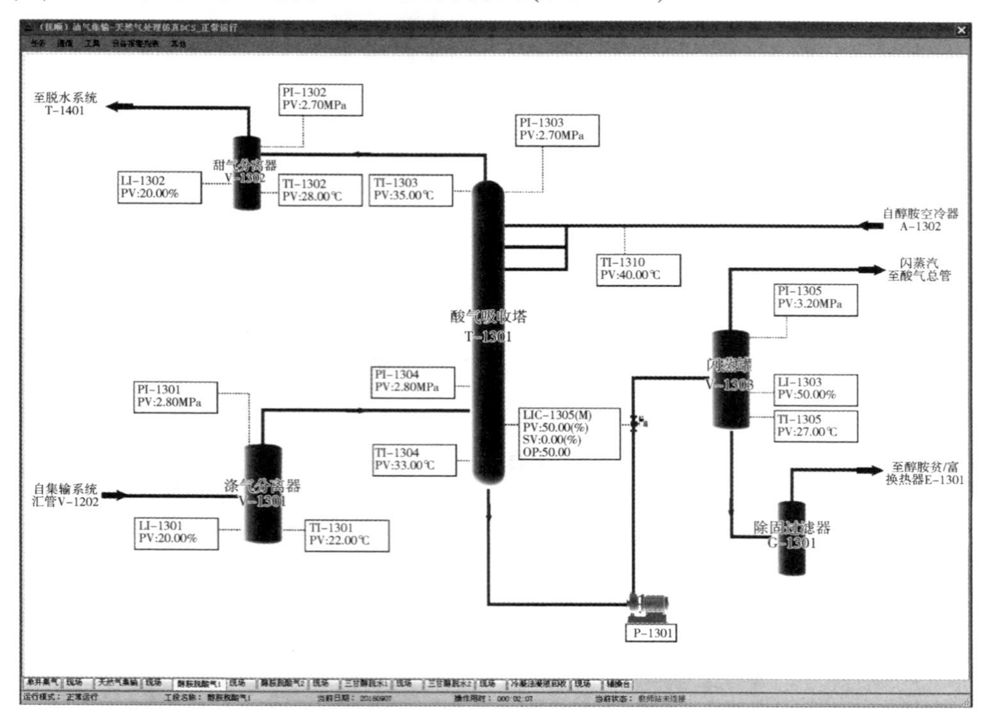

(a)

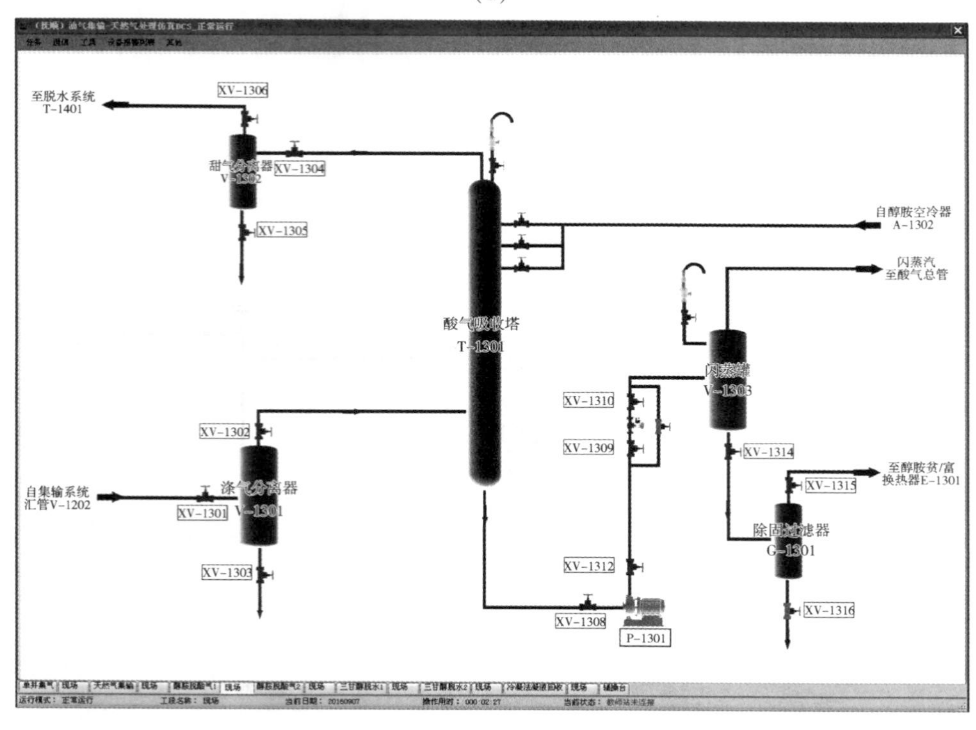

(b)

图12-3　醇胺脱酸气1部分DCS及现场图

(4) 醇胺脱酸气 2 部分 DCS 及现场图(图 12-4)

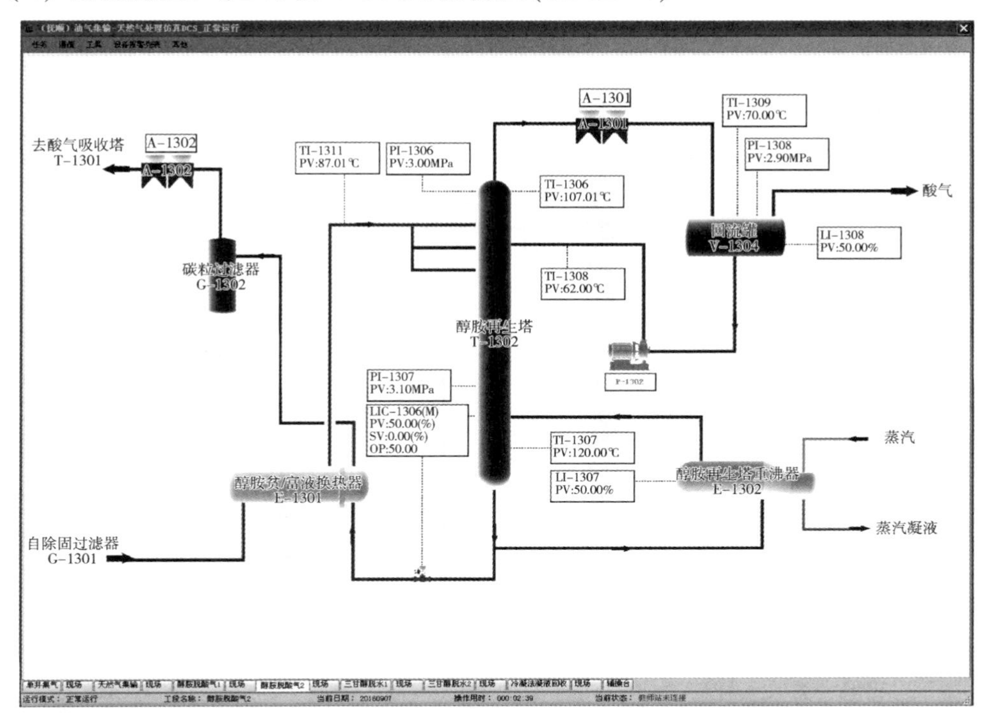

(a)

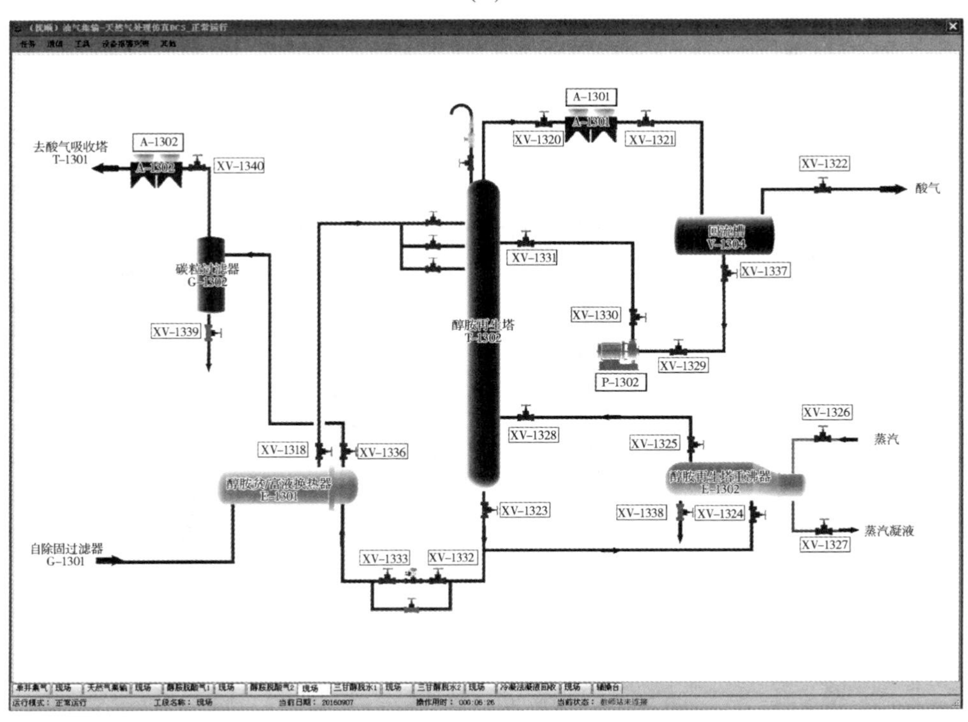

(b)

图 12-4　醇胺脱酸气 2 部分 DCS 及现场图

（5）三甘醇脱水 1 部分 DCS 及现场图（图 12-5）

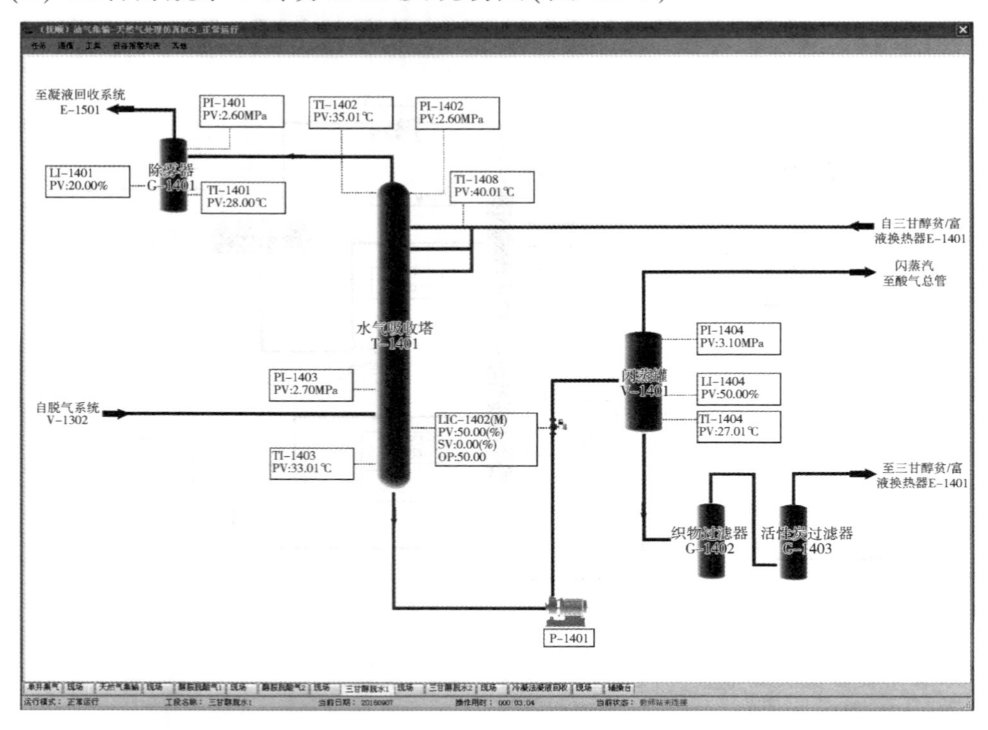

（a）

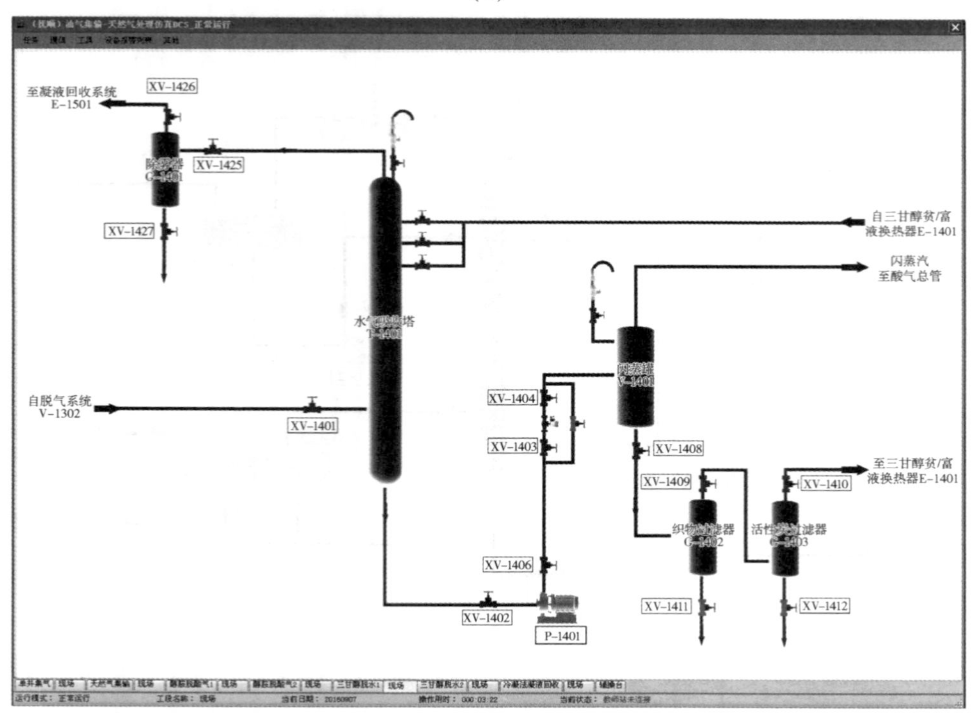

（b）

图 12-5　三甘醇脱水 1 部分 DCS 及现场图

（6）三甘醇脱水 2 部分 DCS 及现场图(图 12-6)

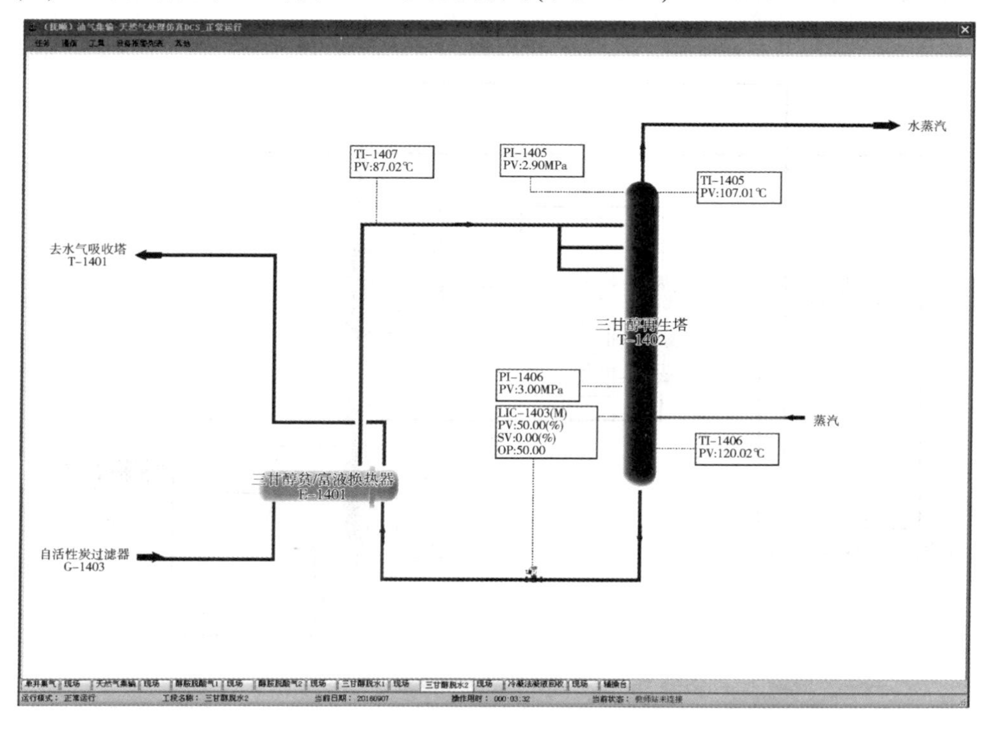

(a)

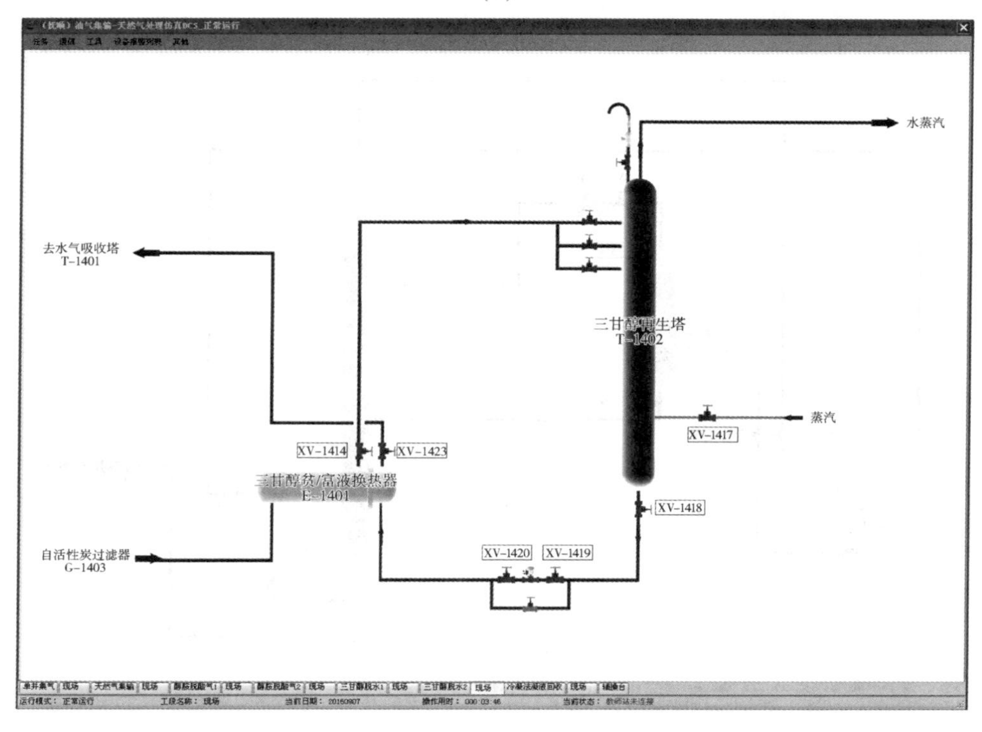

(b)

图 12-6　三甘醇脱水 2 部分 DCS 及现场图

(7) 冷凝法凝液回收部分 DCS 及现场图(图 12-7)

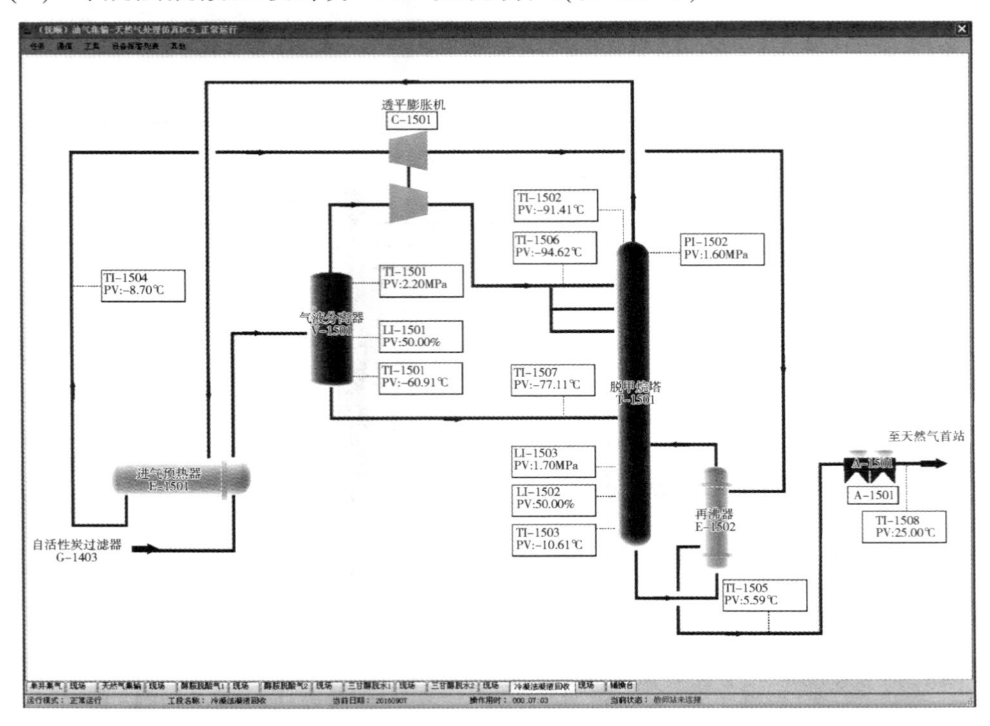

(a)

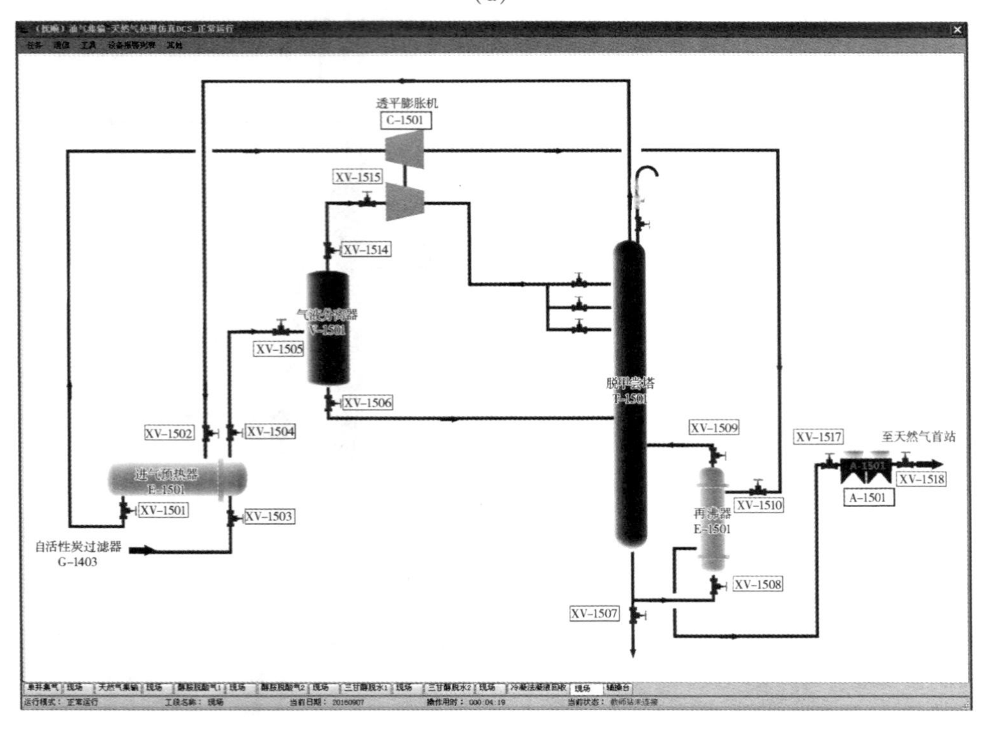

(b)

图 12-7　冷凝法凝液回收部分 DCS 及现场图

（8）辅操台及事故确认(图 12-8)

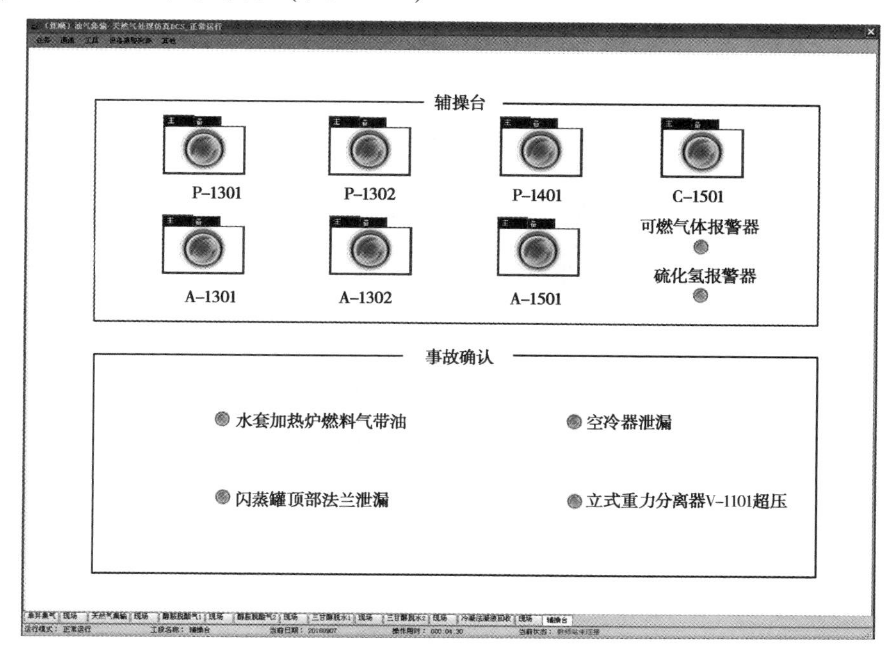

图 12-8　辅操台及事故确认

二、天然气处理部分

（1）首站 DCS 及现场图(图 12-9)

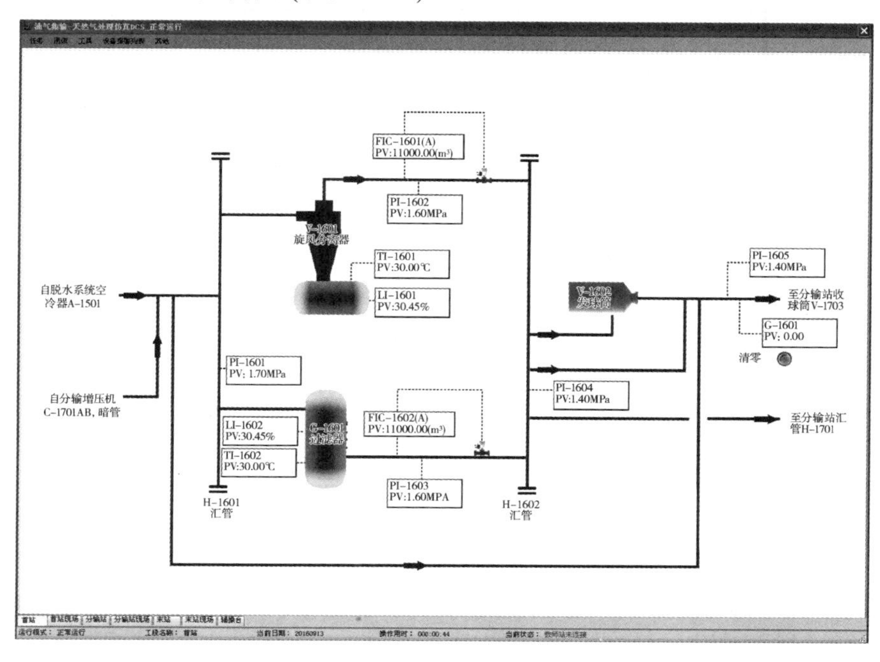

（a）

图 12-9　首站 DCS 及现场图

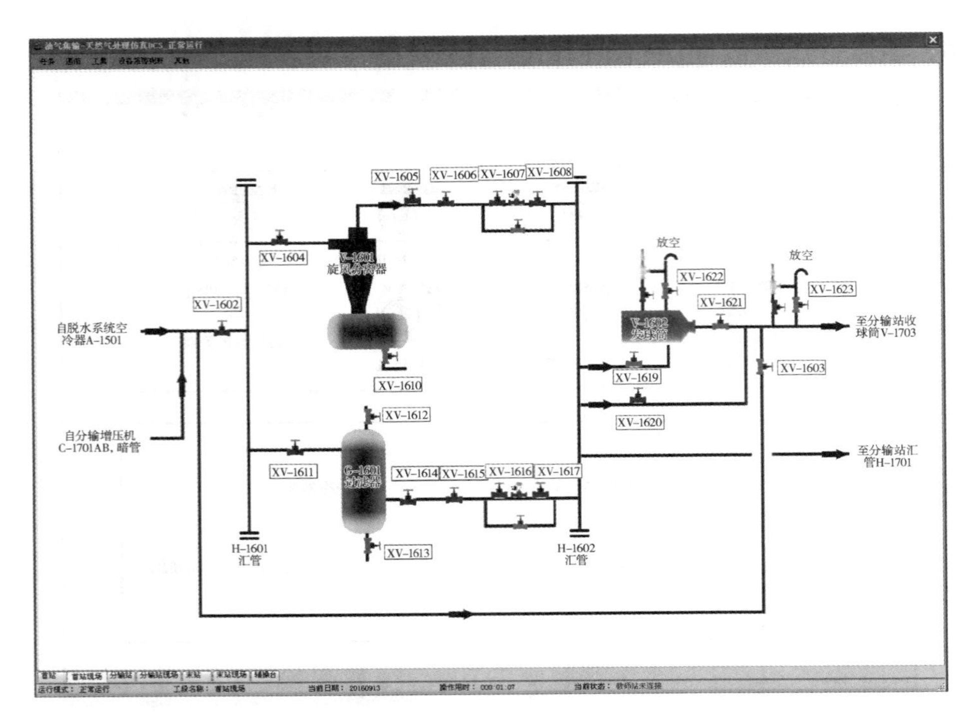

(b)

图 12-9　首站 DCS 及现场图(续)

(2) 分输站 DCS 及现场图(图 12-10)

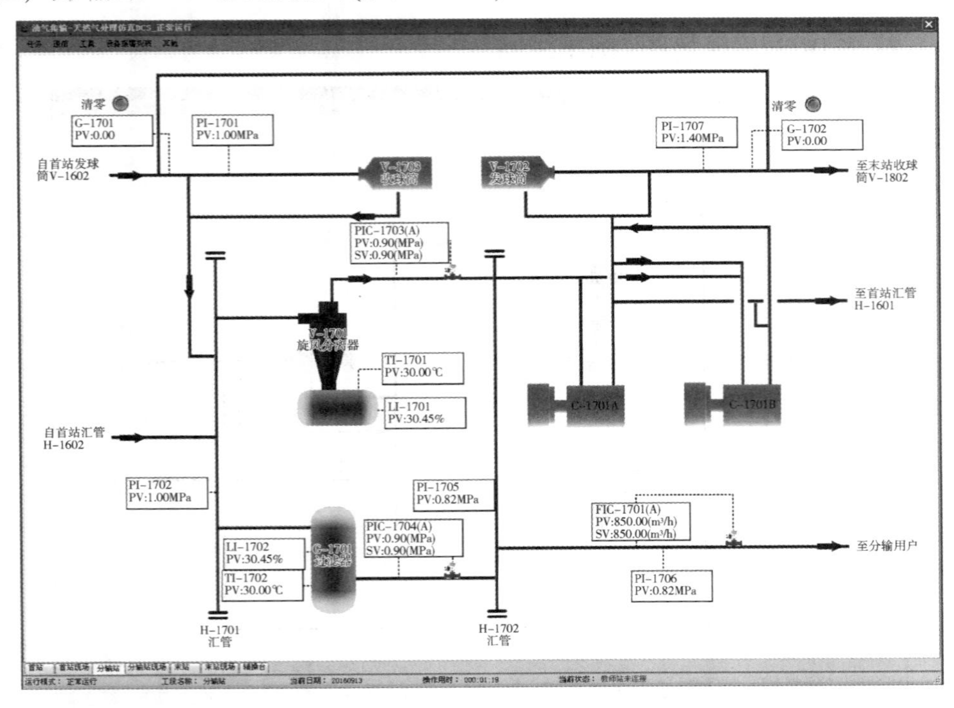

(a)

图 12-10　分输站 DCS 及现场图

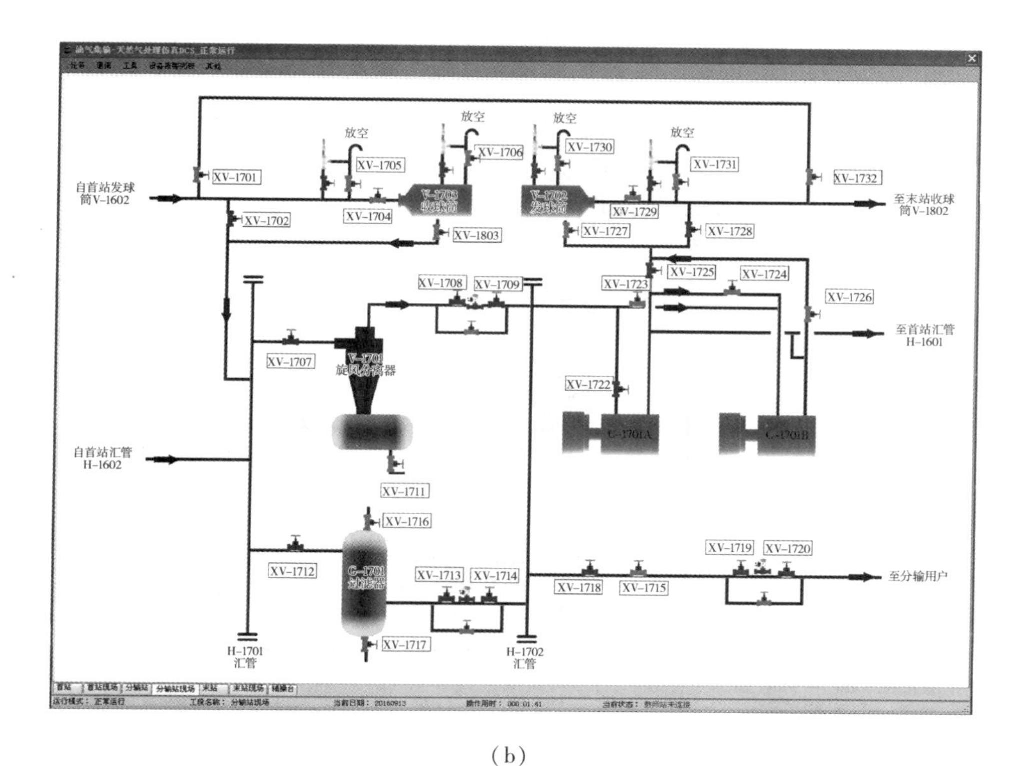

(b)

图 12-10　分输站 DCS 及现场图(续)

(3) 末站 DCS 及现场图(图 12-11)

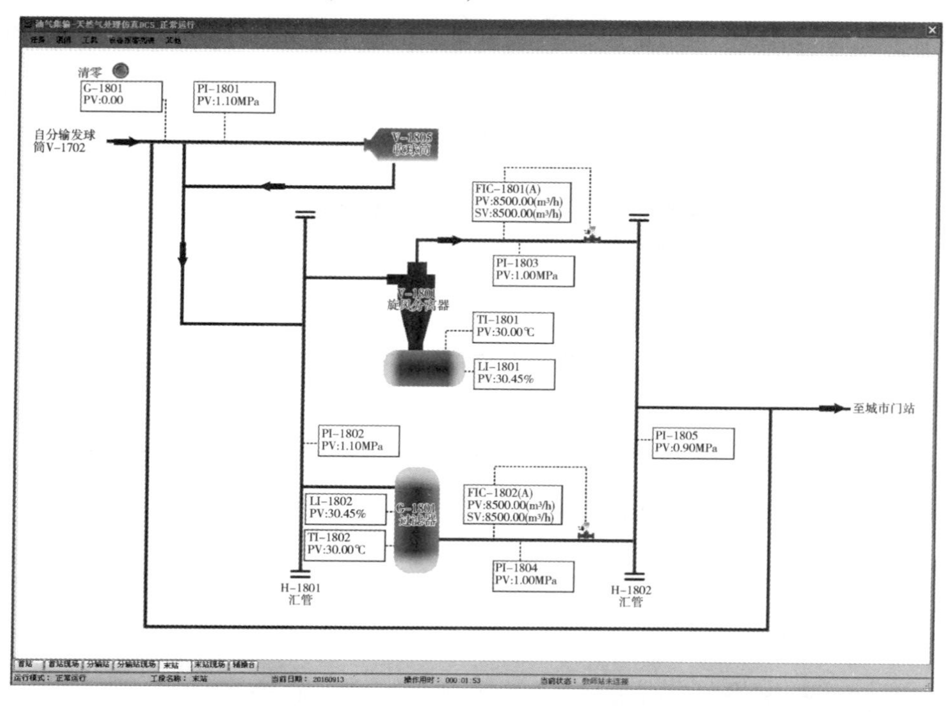

(a)

图 12-11　末站 DCS 及现场图

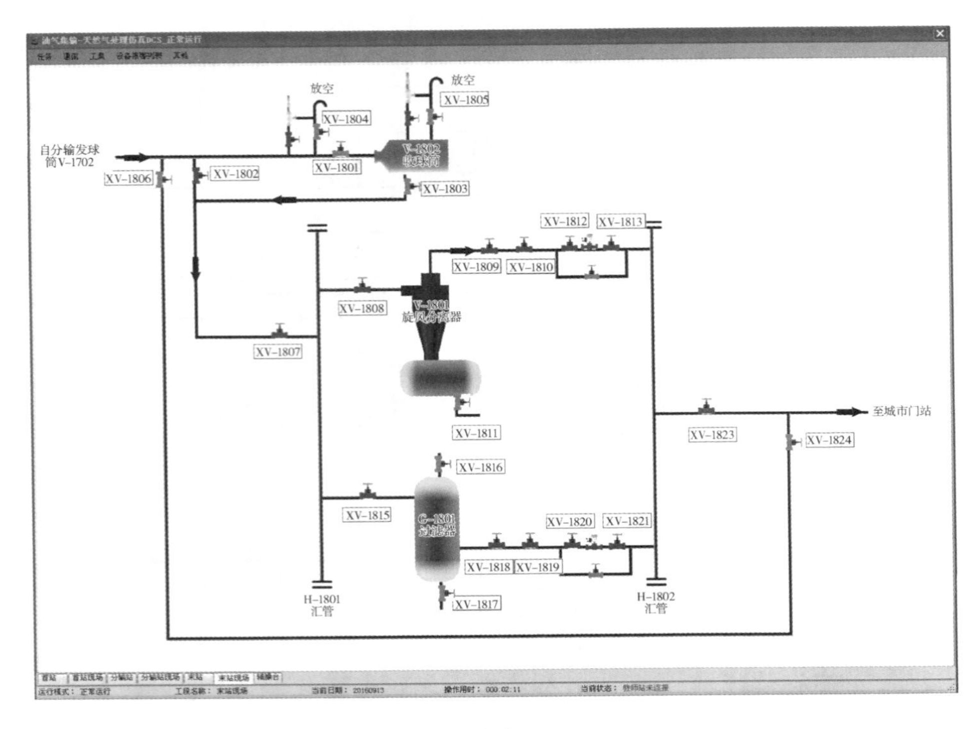

(b)

图 12-11　末站 DCS 及现场图(续)

(4) 辅操台及事故确认(图 12-12)

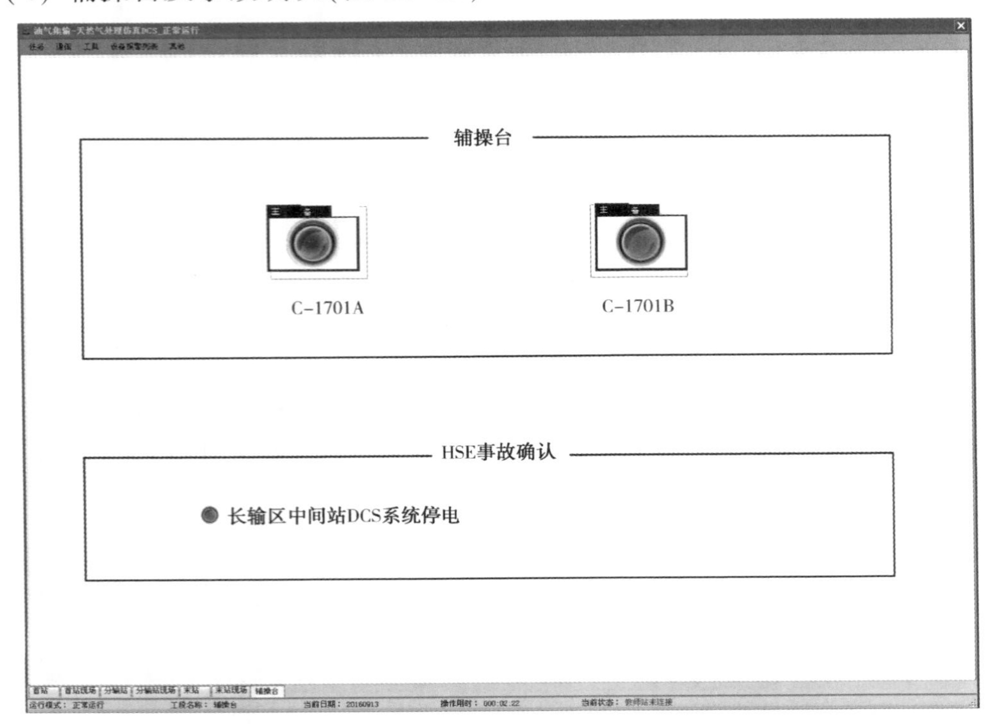

图 12-12　辅操台及事故确认

三、原油处理部分

（1）原油计量 DCS 及现场图(图 12-13)

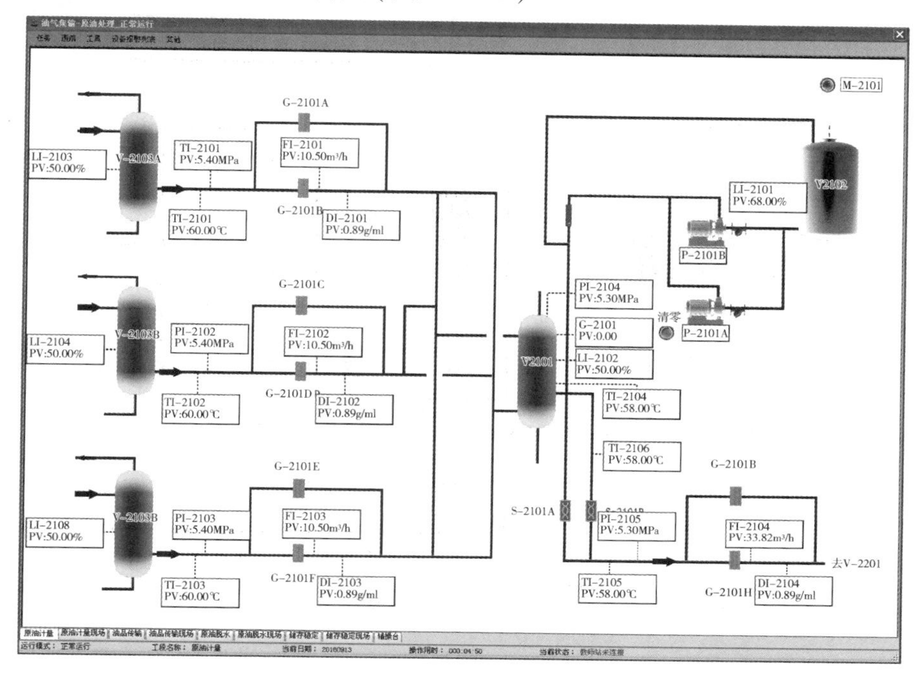

(a)

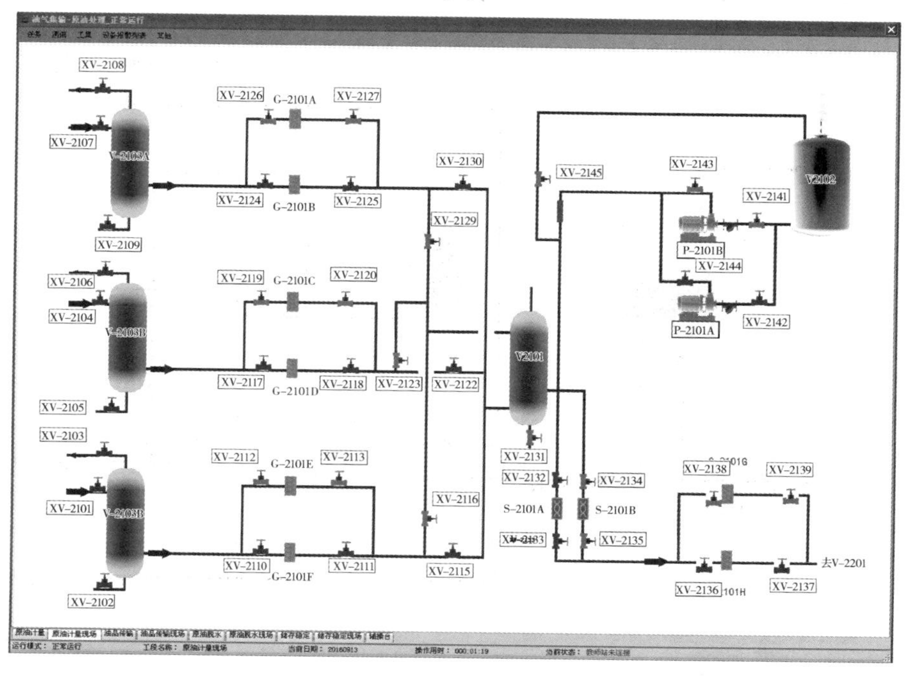

(b)

图 12-13 原油计量 DCS 及现场图

(2) 油品传输 DCS 及现场图(图 12-14)

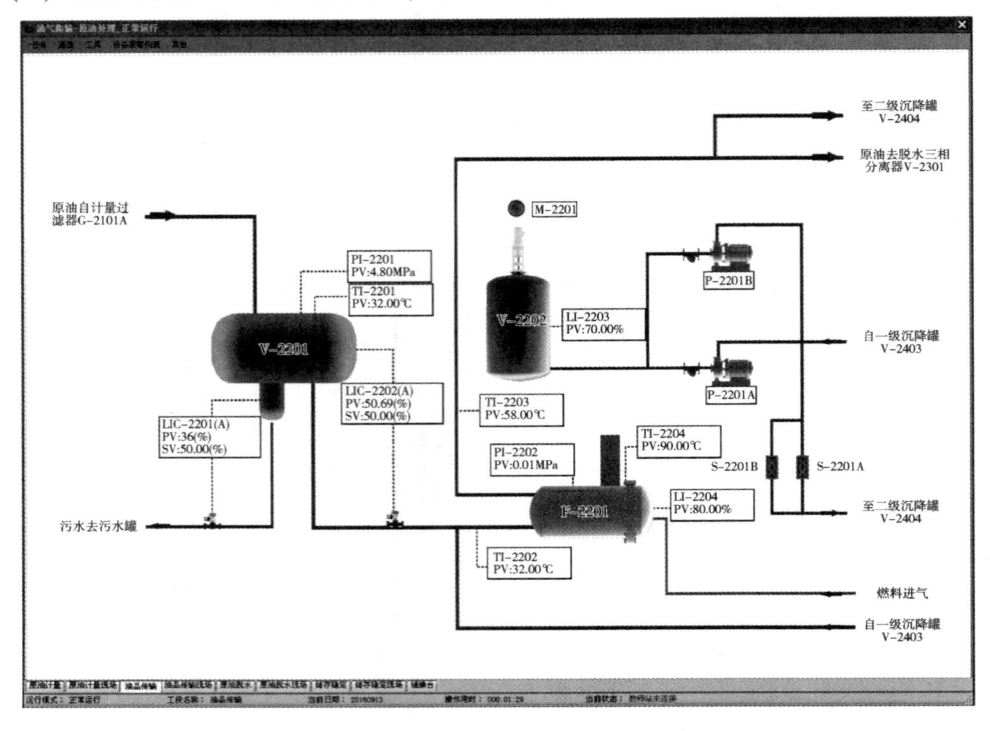

(a)

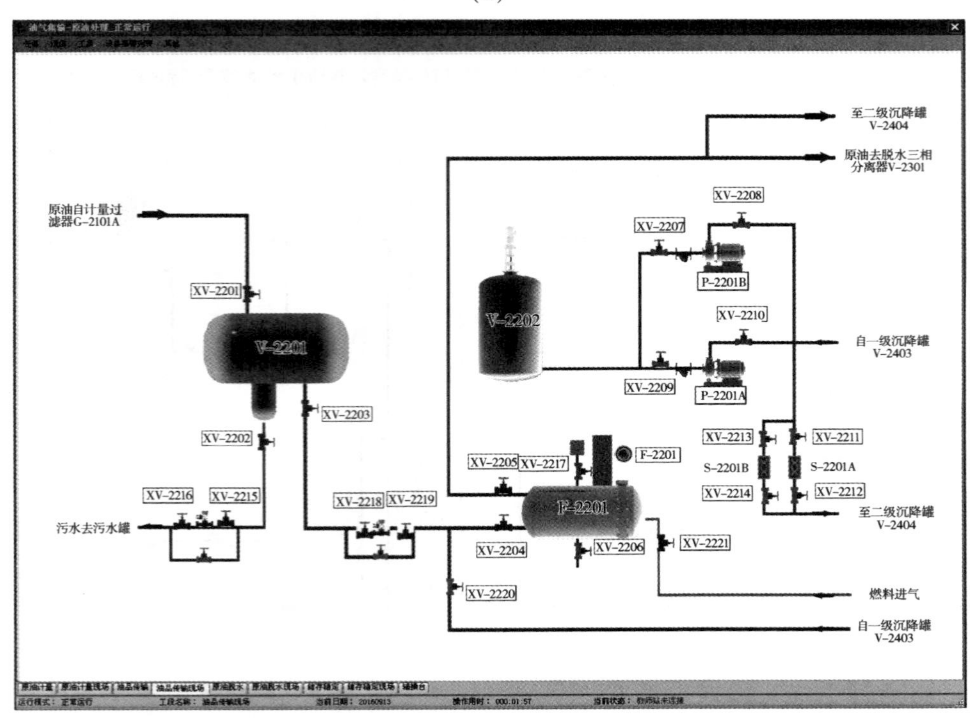

(b)

图 12-14 油品传输 DCS 及现场图

(3) 原油脱水 DCS 及现场图(图 12-15)

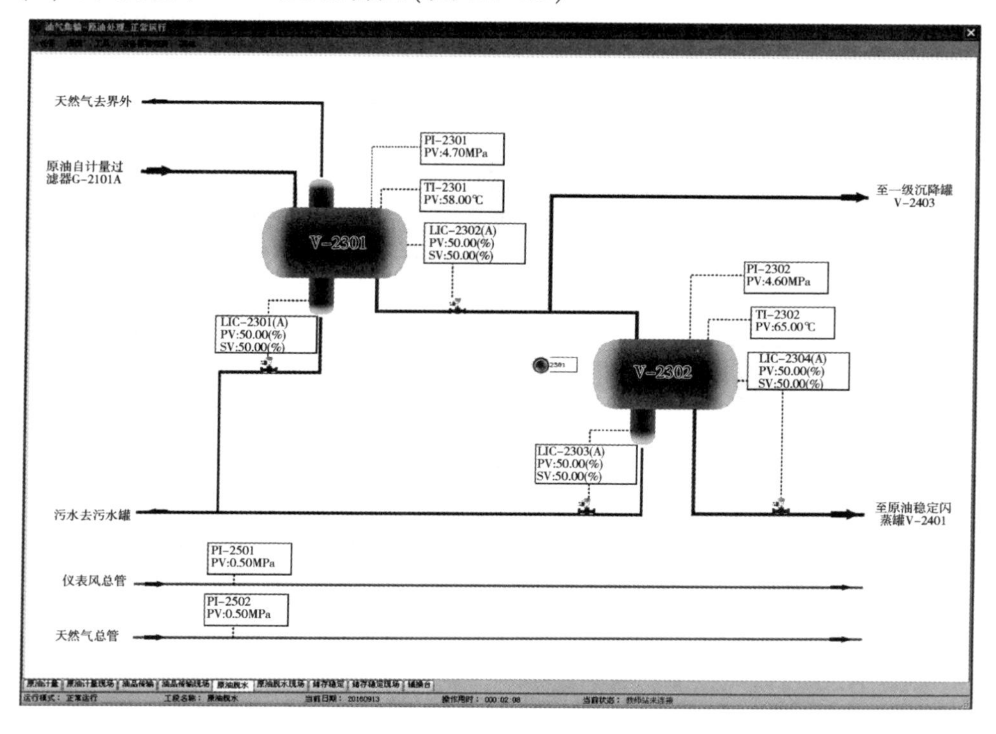

(a)

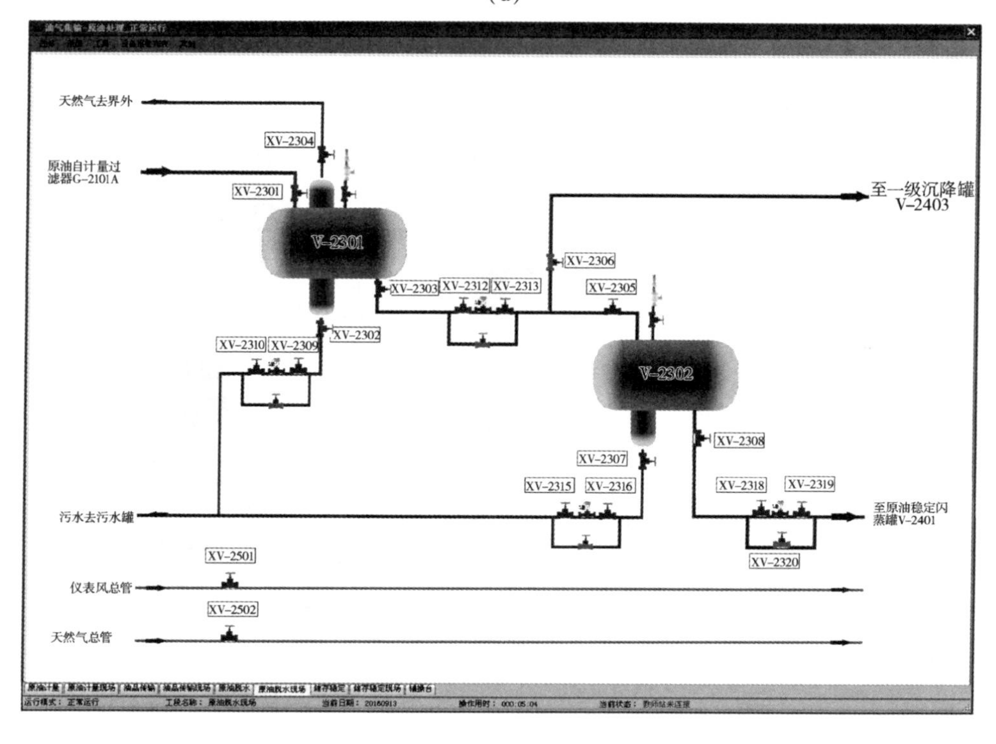

(b)

图 12-15　原油脱水 DCS 及现场图

(4) 储存稳定 DCS 及现场图(图 12-16)

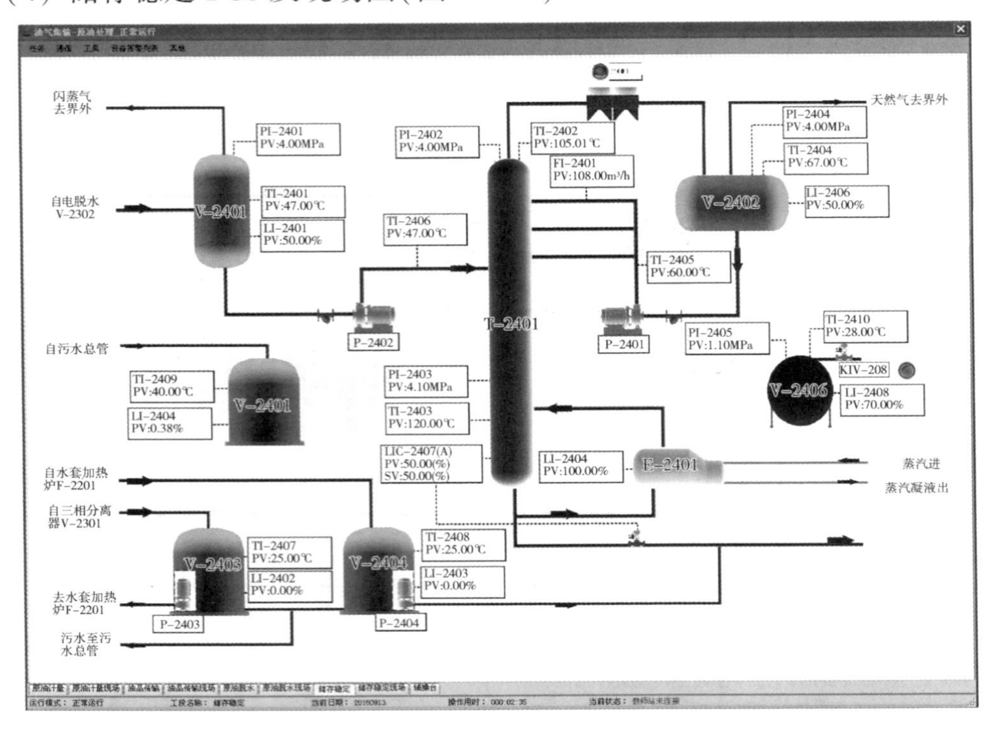

(a)

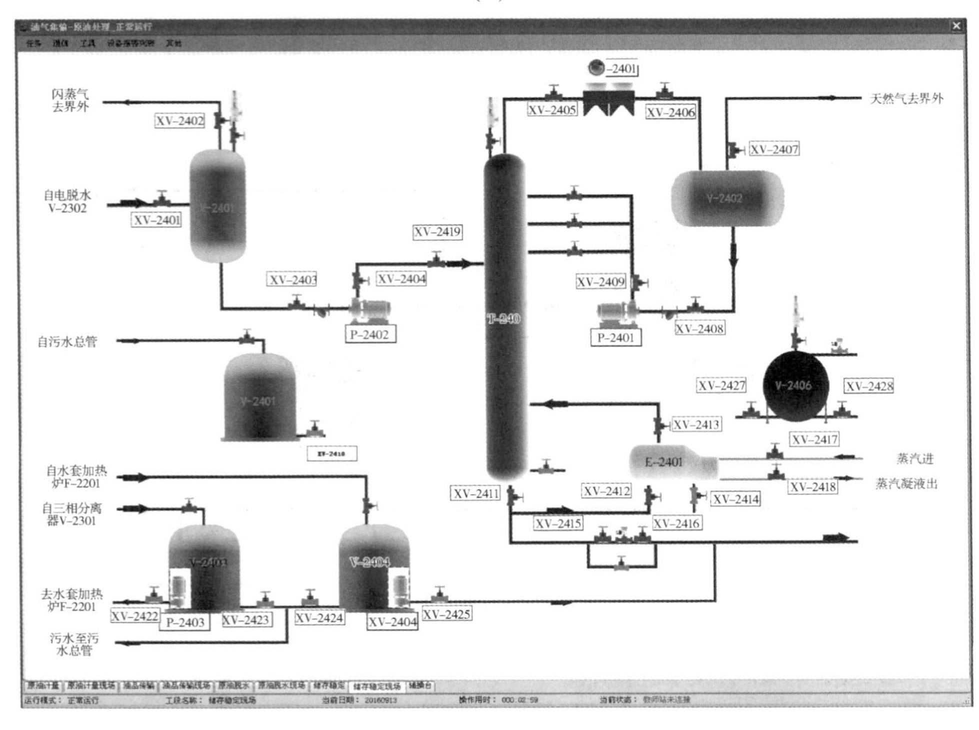

(b)

图 12-16　储存稳定 DCS 及现场图

(5) 辅操台及事故确认(图 12-17)

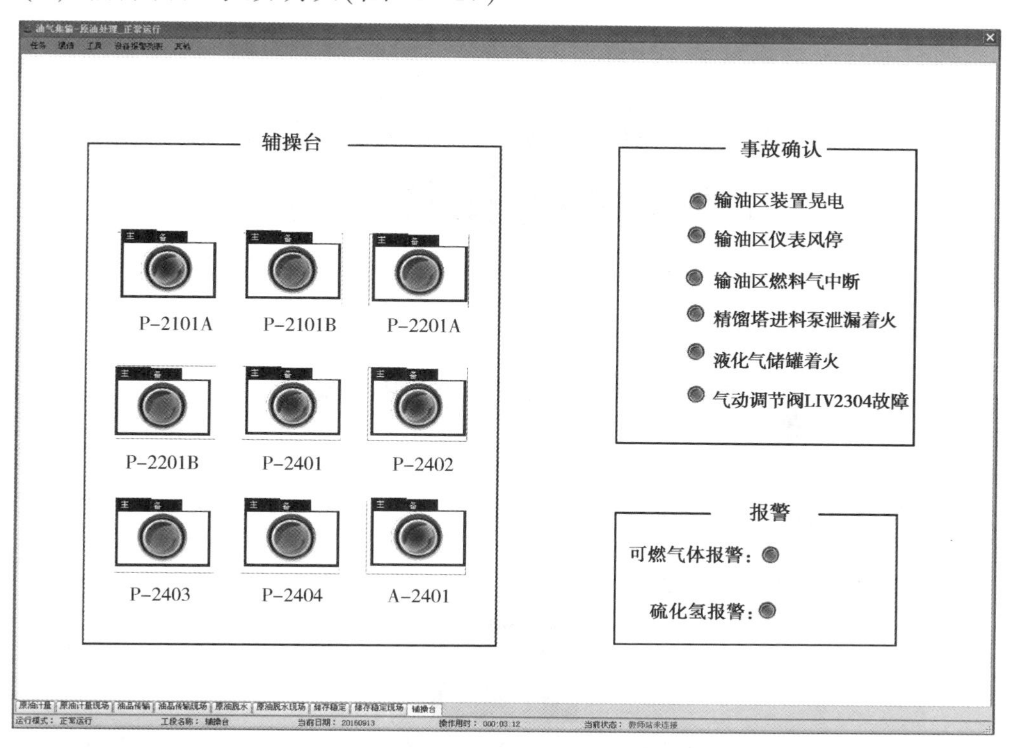

图 12-17 辅操台及事故确认

第十三章　油气集输虚拟仿真系统操作说明

第一节　系统登录说明

一、DCS 仿真系统登录说明

（1）双击桌面 DCS 图标。

（2）在内操作员处输入学员组号、学号、姓名：备注 1：（组号以小写 n 开头接 100 以内数字如：n1、n2…外操工厂端输入 w 开头接与内操相对应数字 100 以内如：n1 对 w1、n2 对 w2…内外操为一组）。

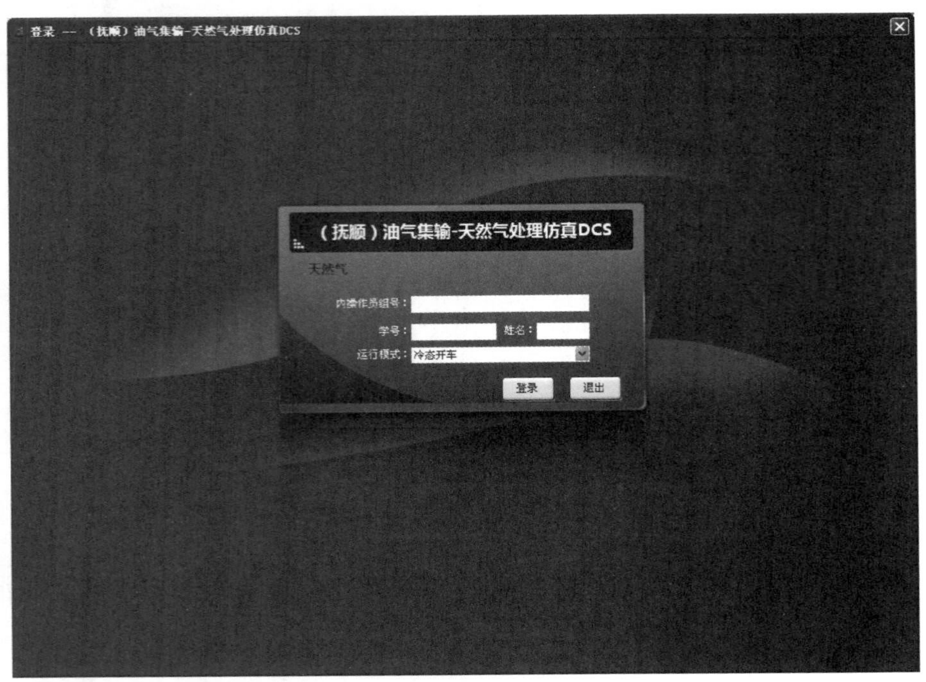

（3）在运行模式下拉选框中，单击冷态开车。

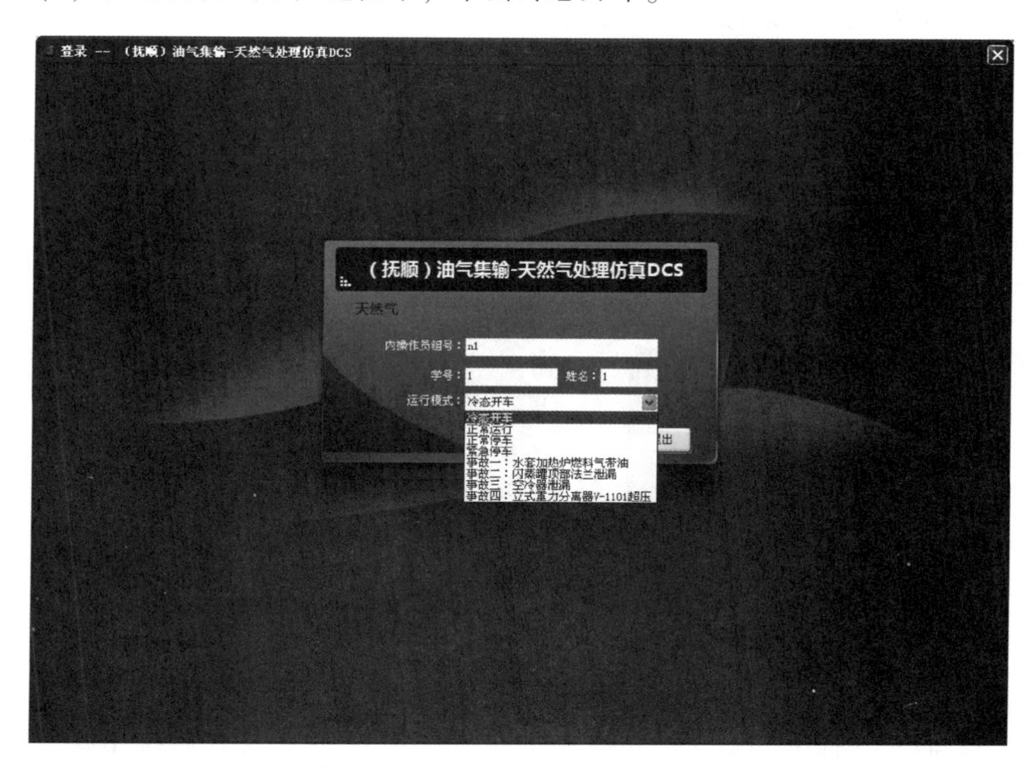

（4）单击下方登录图标。

二、VRS 仿真系统登录说明

（1）双击桌面图标。

（2）进入 VRS 系统登录界面。

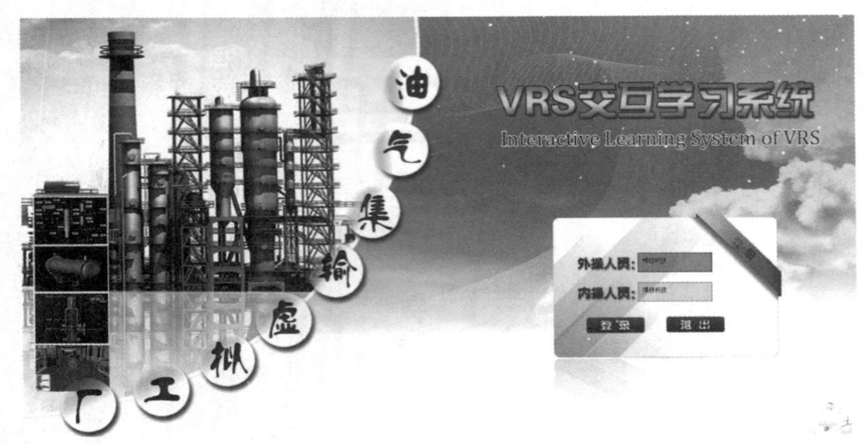

（3）输入外操人员账号（外操人员账号以小写 w 开头其后接 100 以内数字），登录，进入主界面。

第二节　系统功能介绍

一、DCS 仿真系统功能

（1）任务-提交考核　DCS 操作全部完成后，点击工具栏中“任务”菜单下的“提交考核”，系统操作结束并显示操作评分。

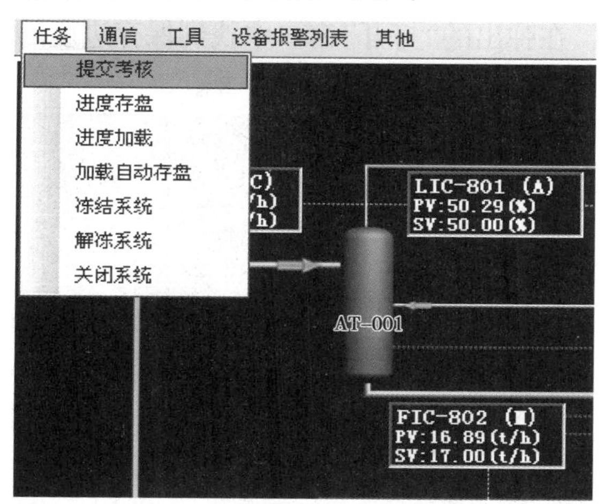

（2）任务-进度存盘　当操作未完成，需要保存操作进度时，点击工具栏中“任务”菜单下的“进度存盘”，在弹出的“另存为”窗口中记录文件名点击“保存”。

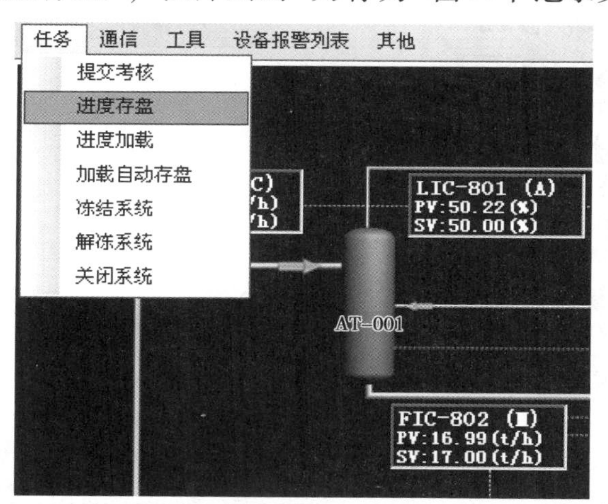

（3）任务-进度加载　当需要从保存的进度开始操作时，点击工具栏中“任务”菜单下的“进度加载”，在弹出的“打开”窗口中找到保存进度的文件点击“打开”。

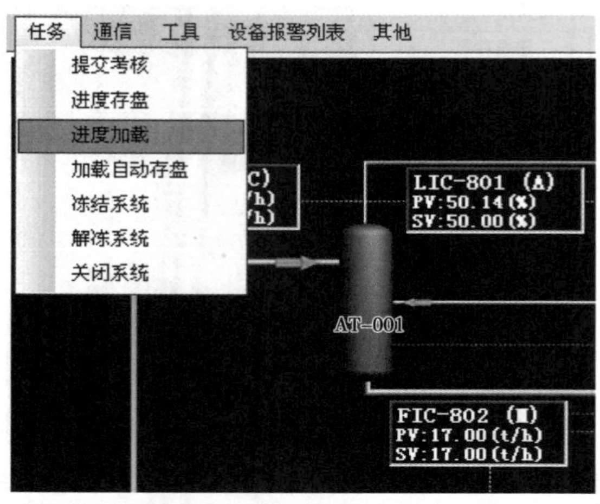

（4）任务-加载自动存盘　点击工具栏中“任务”菜单下的“加载自动存盘”，可以读取系统最近自动存储的数据，以防止断电等原因对操作造成的影响。

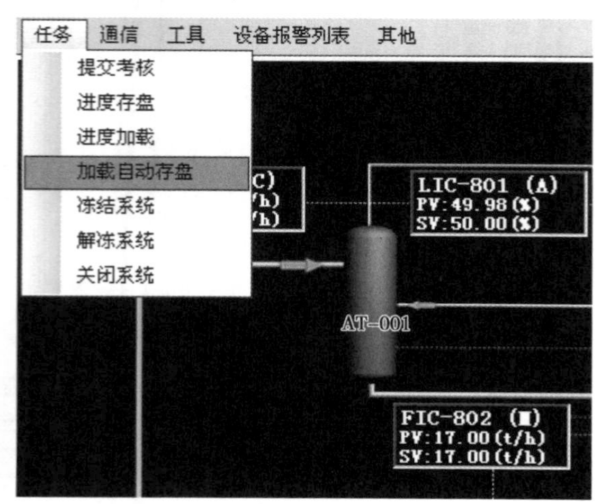

（5）任务-冻结/解冻系统　当需要暂停操作进度时，点击工具栏中“任务”菜单下的“冻结系统”，系统即被冻结，保持当前操作状态。当系统冻结后要继续进行操作时，点击工具栏中“任务”菜单下的“解冻系统”键，系统即被解冻，可以继续进行操作。

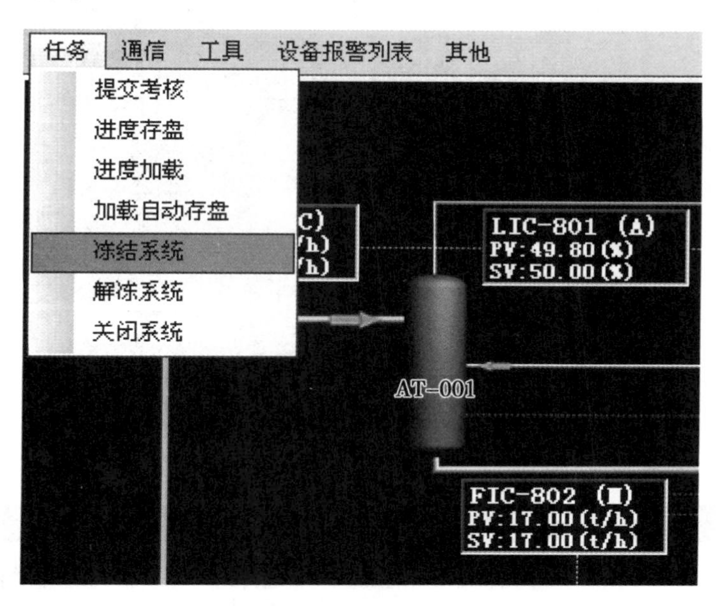

（6）任务-关闭系统　无数据保存将系统关闭。

（7）通信-VRS仿真现场通讯　点击通信菜单下的通信选项，可与相对应的VRS仿真通过DCS软件对其进行操作。

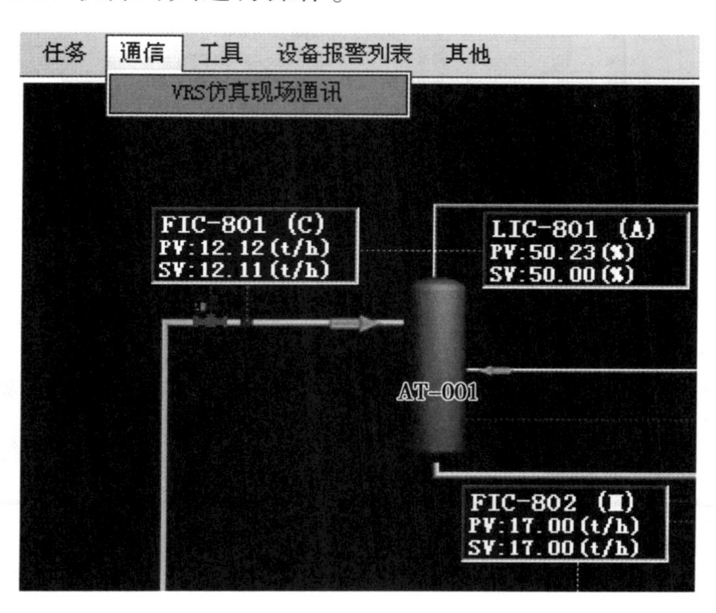

（8）工具-智能考评系统　点击工具栏中的“智能考评系统”，可显示装置操作信息。

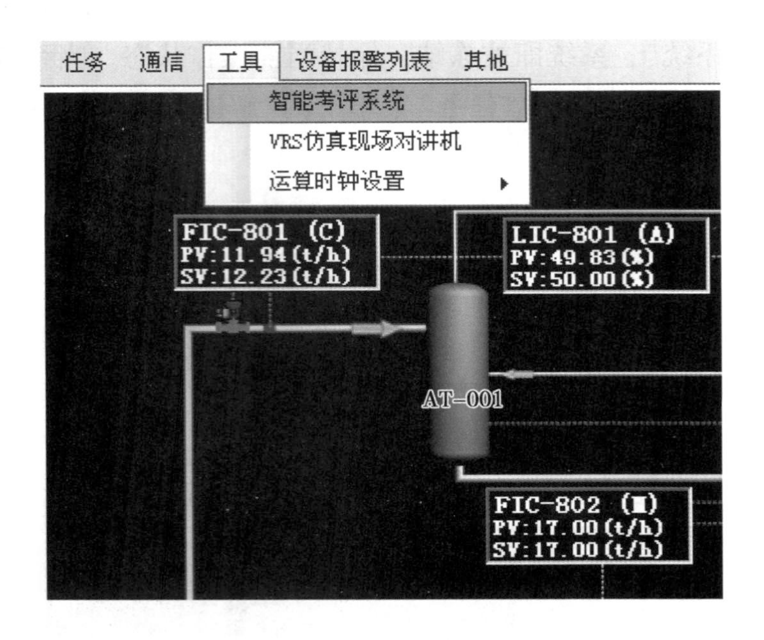

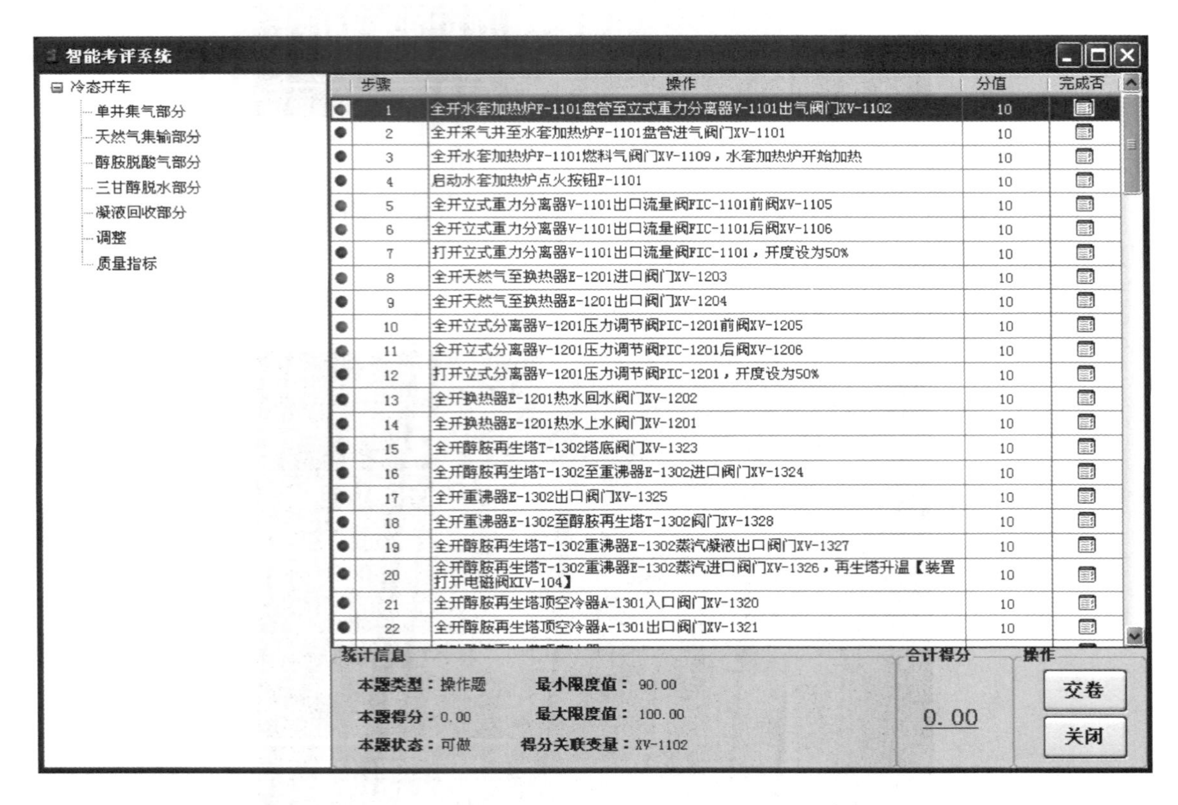

（9）工具-VRS仿真现场对讲机　点击工具菜单下的“VRS仿真现场对讲机”，可与VRS仿真现场进行实时对讲功能。

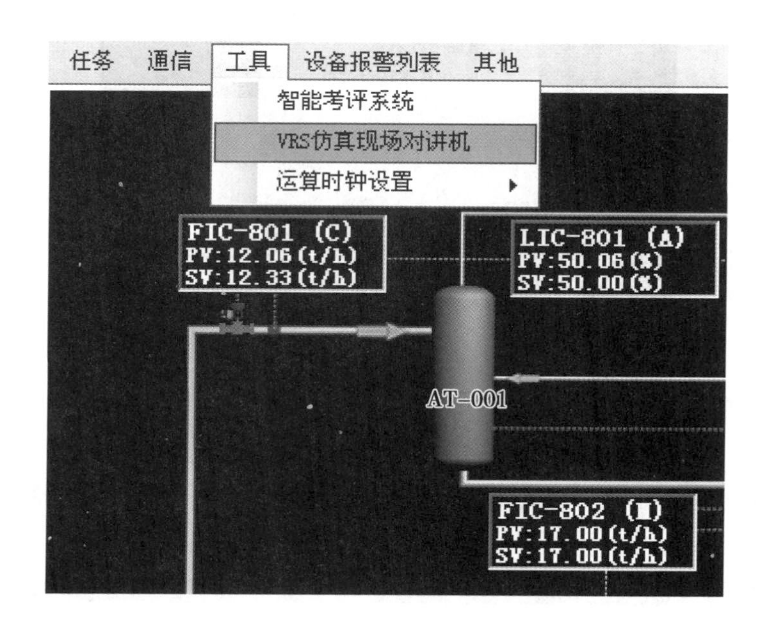

（10）工具-运算时钟设置　点击工具菜单下的“时钟运算设置”，可调整反应速度，减少不必要的等待时间或因参数变化快误操作。

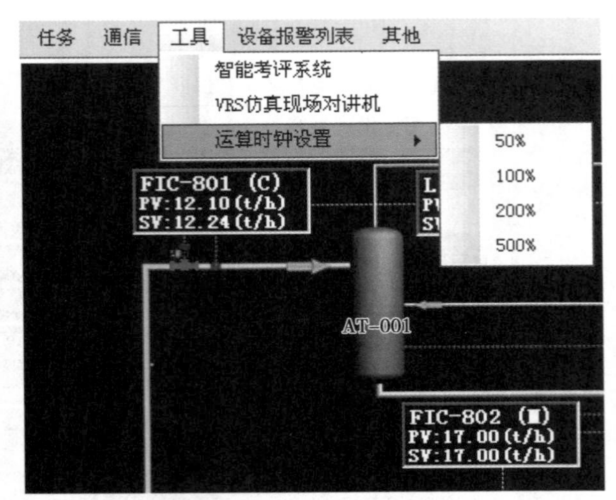

(11) 设备报警列表　点击设备报警列表选项，将显示当前监控设备的报警状态。

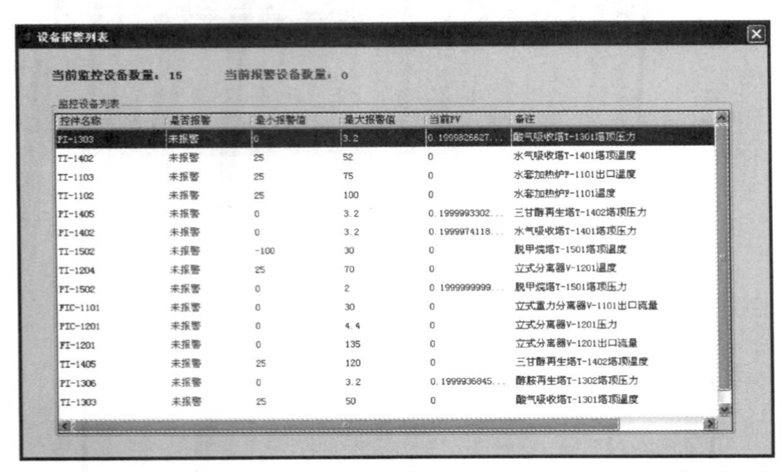

控件名称	是否报警	最小报警值	最大报警值	当前PV	备注
PI-1303	未报警	0	3.2	0.1999826627...	酸气吸收塔T-1301塔顶压力
TI-1402	未报警	25	52	0	水气吸收塔T-1401塔顶温度
TI-1103	未报警	25	75	0	水套加热炉F-1101出口温度
TI-1102	未报警	25	100	0	水套加热炉F-1101温度
PI-1405	未报警	0	3.2	0.1999993302...	三甘醇再生塔T-1402塔顶压力
PI-1402	未报警	0	3.2	0.1999974118...	水气吸收塔T-1401塔顶压力
TI-1502	未报警	-100	30	0	脱甲烷塔T-1501塔顶温度
TI-1204	未报警	25	70	0	立式分离器V-1201温度
PI-1502	未报警	0	2	0.1999999999...	脱甲烷塔T-1501塔顶压力
FIC-1101	未报警	0	30	0	立式重力分离器V-1101出口流量
PIC-1201	未报警	0	4.4	0	立式分离器V-1201压力
FI-1201	未报警	0	135	0	立式分离器V-1201出口流量
TI-1405	未报警	25	120	0	三甘醇再生塔T-1402塔顶温度
PI-1306	未报警	0	3.2	0.1999936845...	醇胺再生塔T-1302塔顶压力
TI-1303	未报警	25	50	0	酸气吸收塔T-1301塔顶温度

(12) 其他-设备数据监控　点击其他功能菜单下的“设备数据监控”，可对系统中各变量的数据进行实时监控，便于对比分析管理。

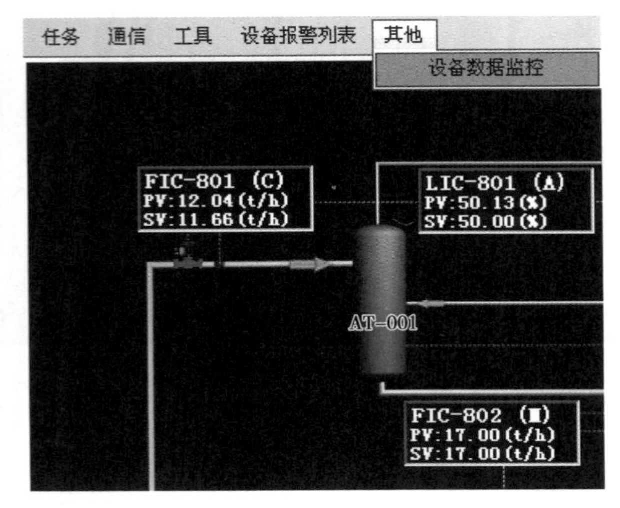

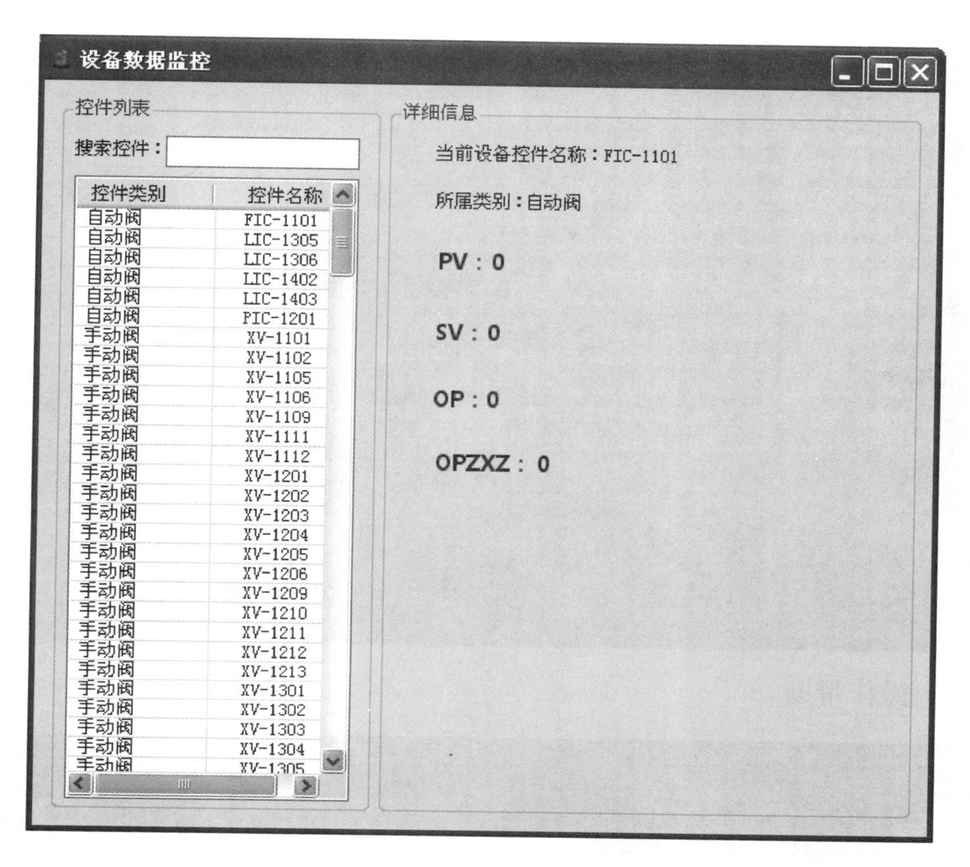

二、VRS 仿真系统功能

（1）冷态开车/正常停车/紧急停车/事故处理　点击冷态开车等模式，开始进行装置操作，此时弹出通信显示和对话内容。

（2）注意事项　进入工厂中需要注意的条款见下图。

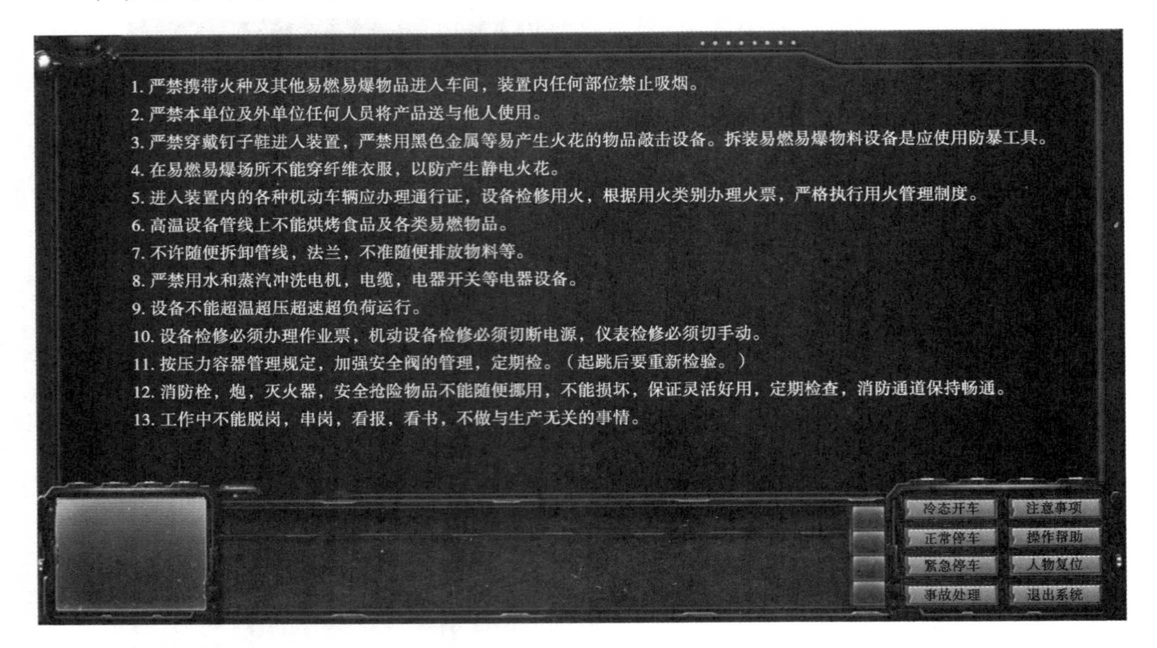

（3）操作帮助。

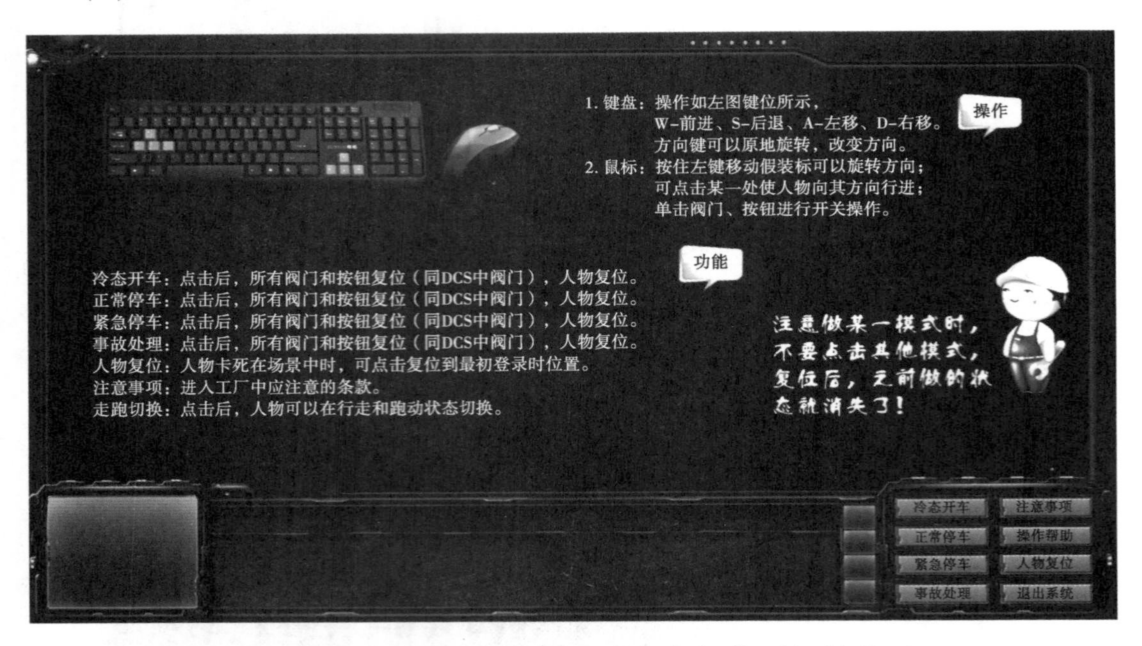

（4）人物复位　在工厂中人物卡住，可点击复位到初始位置。

（5）退出系统　操作完成后点击可退出 VRS 仿真系统。

（6）装置地图　打开装置地图，可以查看操作人物所在工厂中的位置。地图可以放大或者缩小。再次点击图标可关闭地图。

（7）行进方式切换　人物的行进方式可以为行走和跑动，点击图标可以相互切换。

（8）背景音乐开关　系统中自带背景音乐，通过点击图标可以进行打开和关闭操作。

（9）标牌显示　可以在阀门标牌显示与不显示切换，以增加难度和考验对工厂的熟悉程度。

第三节 交互功能介绍

（1）DCS 端通过“智能考评系统”查看操作步骤，确定进行哪步操作，如下图所示。

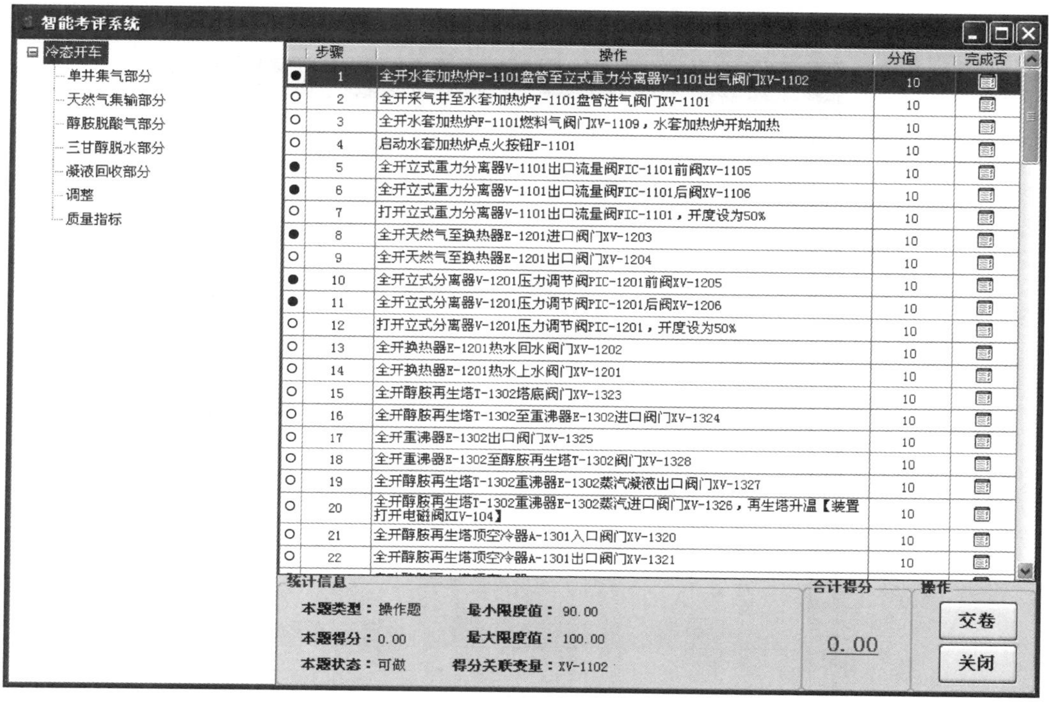

智能考评系统

冷态开车
- 单井集气部分
- 天然气集输部分
- 醇胺脱酸气部分
- 三甘醇脱水部分
- 凝液回收部分
- 调整
- 质量指标

	步骤	操作	分值	完成否
●	1	全开水套加热炉F-1101盘管至立式重力分离器V-1101出气阀门XV-1102	10	
○	2	全开采气井至水套加热炉F-1101盘管进气阀门XV-1101	10	
○	3	全开水套加热炉F-1101燃料气阀门XV-1109，水套加热炉开始加热	10	
○	4	启动水套加热炉点火按钮F-1101	10	
●	5	全开立式重力分离器V-1101出口流量阀FIC-1101前阀XV-1105	10	
●	6	全开立式重力分离器V-1101出口流量阀FIC-1101后阀XV-1106	10	
○	7	打开立式重力分离器V-1101出口流量阀FIC-1101，开度设为50%	10	
●	8	全开天然气至换热器E-1201进口阀门XV-1203	10	
○	9	全开天然气至换热器E-1201出口阀门XV-1204	10	
●	10	全开立式分离器V-1201压力调节阀PIC-1201前阀XV-1205	10	
●	11	全开立式分离器V-1201压力调节阀PIC-1201后阀XV-1206	10	
○	12	打开立式分离器V-1201压力调节阀PIC-1201，开度设为50%	10	
○	13	全开换热器E-1201热水回水阀门XV-1202	10	
○	14	全开换热器E-1201热水上水阀门XV-1201	10	
○	15	全开醇胺再生塔T-1302塔底阀门XV-1323	10	
○	16	全开醇胺再生塔T-1302至重沸器E-1302进口阀门XV-1324	10	
○	17	全开重沸器E-1302出口阀门XV-1325	10	
○	18	全开重沸器E-1302至醇胺再生塔T-1302阀门XV-1328	10	
○	19	全开醇胺再生塔T-1302重沸器E-1302蒸汽凝液出口阀门XV-1327	10	
○	20	全开醇胺再生塔T-1302重沸器E-1302蒸汽进口阀门XV-1326，再生塔升温【装置打开电磁阀KIV-104】	10	
○	21	全开醇胺再生塔顶空冷器A-1301入口阀门XV-1320	10	
○	22	全开醇胺再生塔顶空冷器A-1301出口阀门XV-1321	10	

统计信息

本题类型：操作题　最小限度值：90.00

本题得分：0.00　最大限度值：100.00

本题状态：可做　得分关联变量：XV-1102

合计得分 0.00

操作 交卷 关闭

注：① 在本图内绿色小圆点（图中以“●”表示，实际操作时为“绿色”）为当前可操作步骤；红色（图中以“○”表示）为不可操作步骤，当绿色小圆点对应的步骤完成后（此时不可做步骤满足条件），该步变为可操作步骤；

② 如在小圆点位置出现如图所示图标：

○	47	打开
	48	当再
	49	当外
●	50	打开
●	51	打开

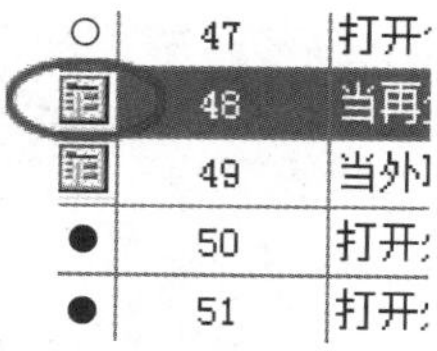

表明该步骤答题条件对数值有要求，需提前监控相应参数的 PV 值；

③ 如在小圆点位置出现如图所示图标：

	8	汇报
○	9	关闭
	10	汇报
○	11	开启
○	12	关闭

表明该步骤为确认、汇报或监测质量指标等内容，不需要操作任何控件；

④ 当完成当前步骤并正确，“完成否”列打勾，错误“完成否”列打叉；

⑤ 左侧树形列表为当前运行模式及工段；

⑥ 下方最小、最大限度值为当前操作步骤正确取值范围和题型得分状态等。

（2）向外操发送信息通知外操：双击已选定的操作步骤或手动输入操作指令，点击“发送”。

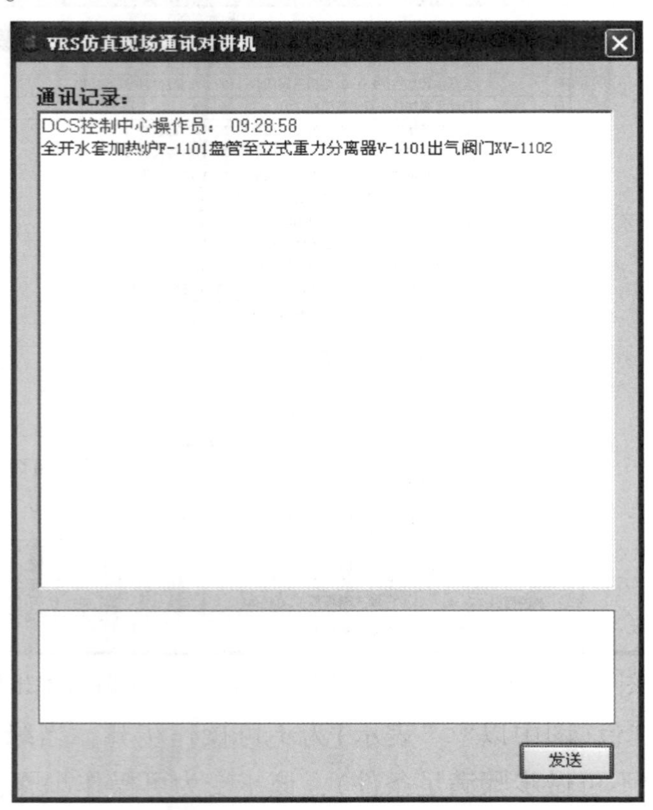

（3）外操接到通知并对相应阀门进行相应操作。

（4）通知内操循序操作进行交互。

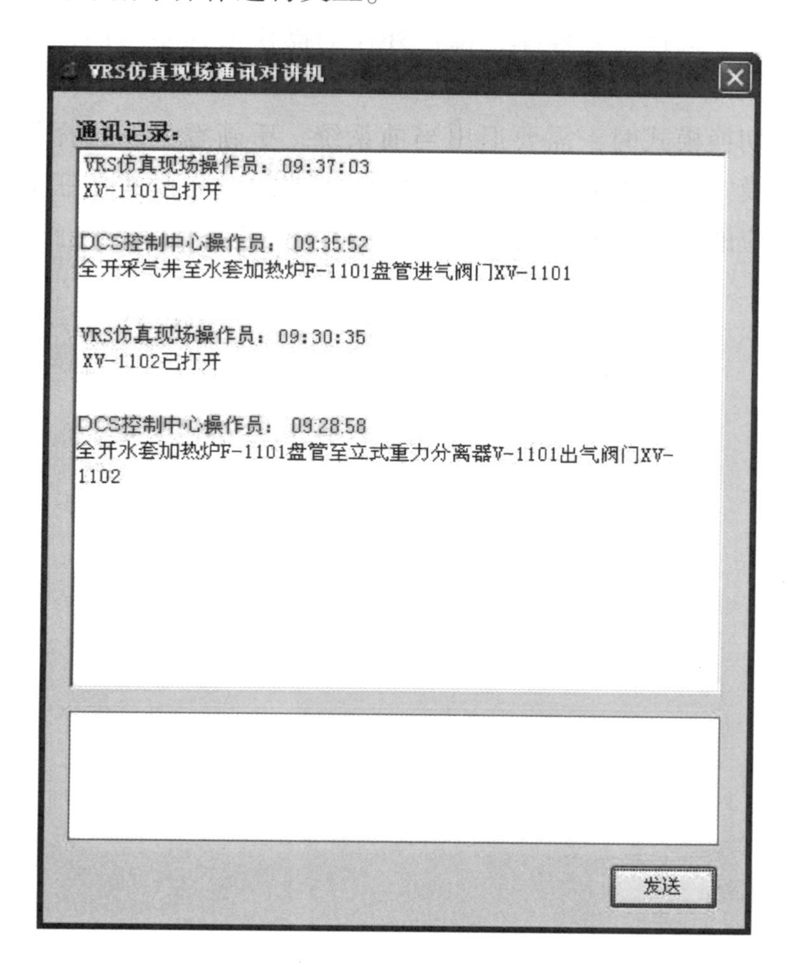

第四节　注意事项

（1）外操与内操进行交互时，VRS系统中的功能操作界面中，头像绿色小光条为可以进行阀门开关操作，如果其变为红色说明不可进行阀门开关操作。在红色光条状态，其他阀门是不可操作的。

（3）外操选择冷态开车时，内操也应选择冷态开车，同理外操选择紧急停车时，内操也需要选择紧急停车，即：外操的操作模式要与内操一致，否则通信会发生错误。

（4）内操切换模式时，需要退出当前系统。重新登录，选择相应的运行模式；外操切换模式时只需要重新点击功能面板上的对应模式按钮即可进行模式切换，进行对应的数据和阀门初始化。

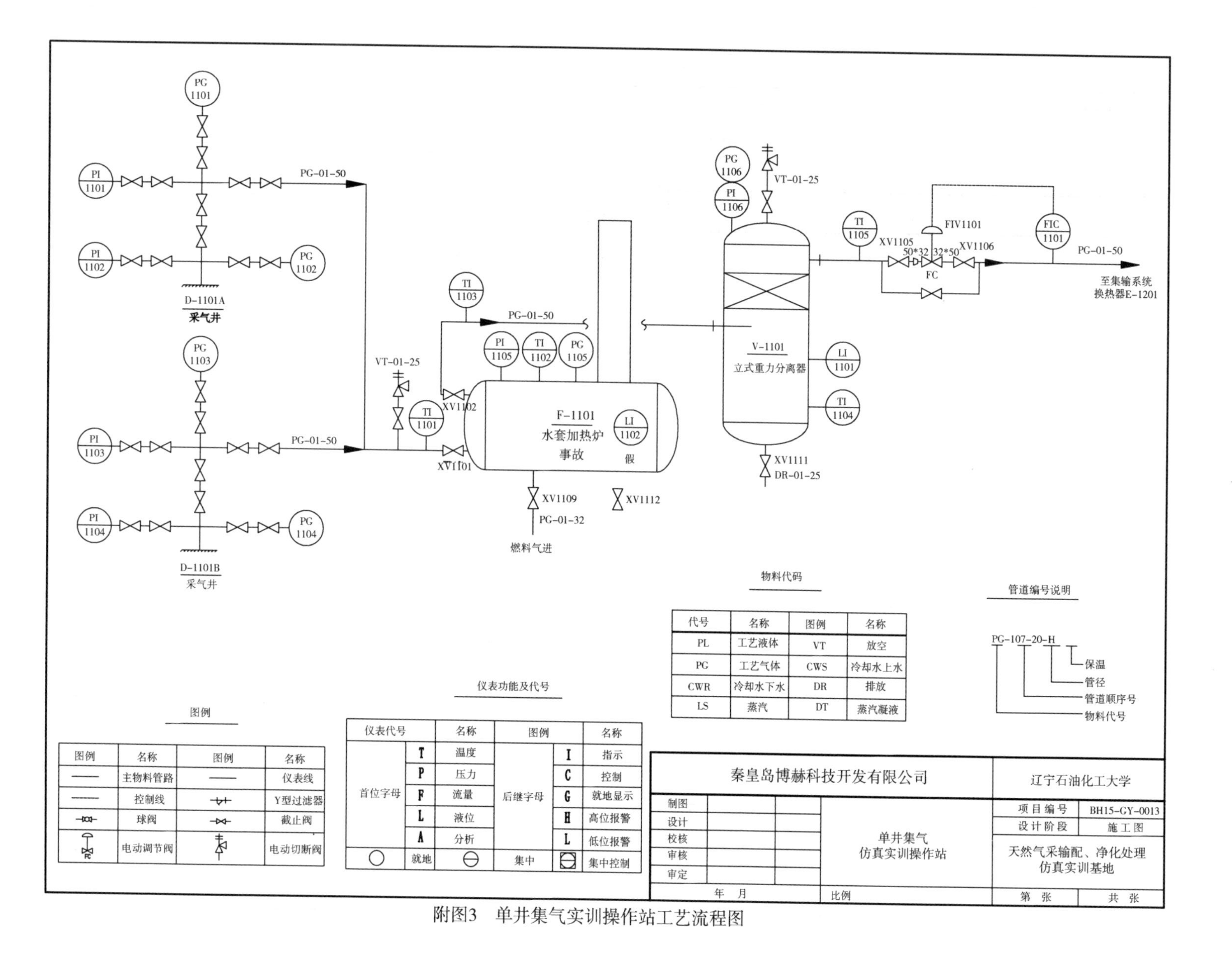

附图3　单井集气实训操作站工艺流程图

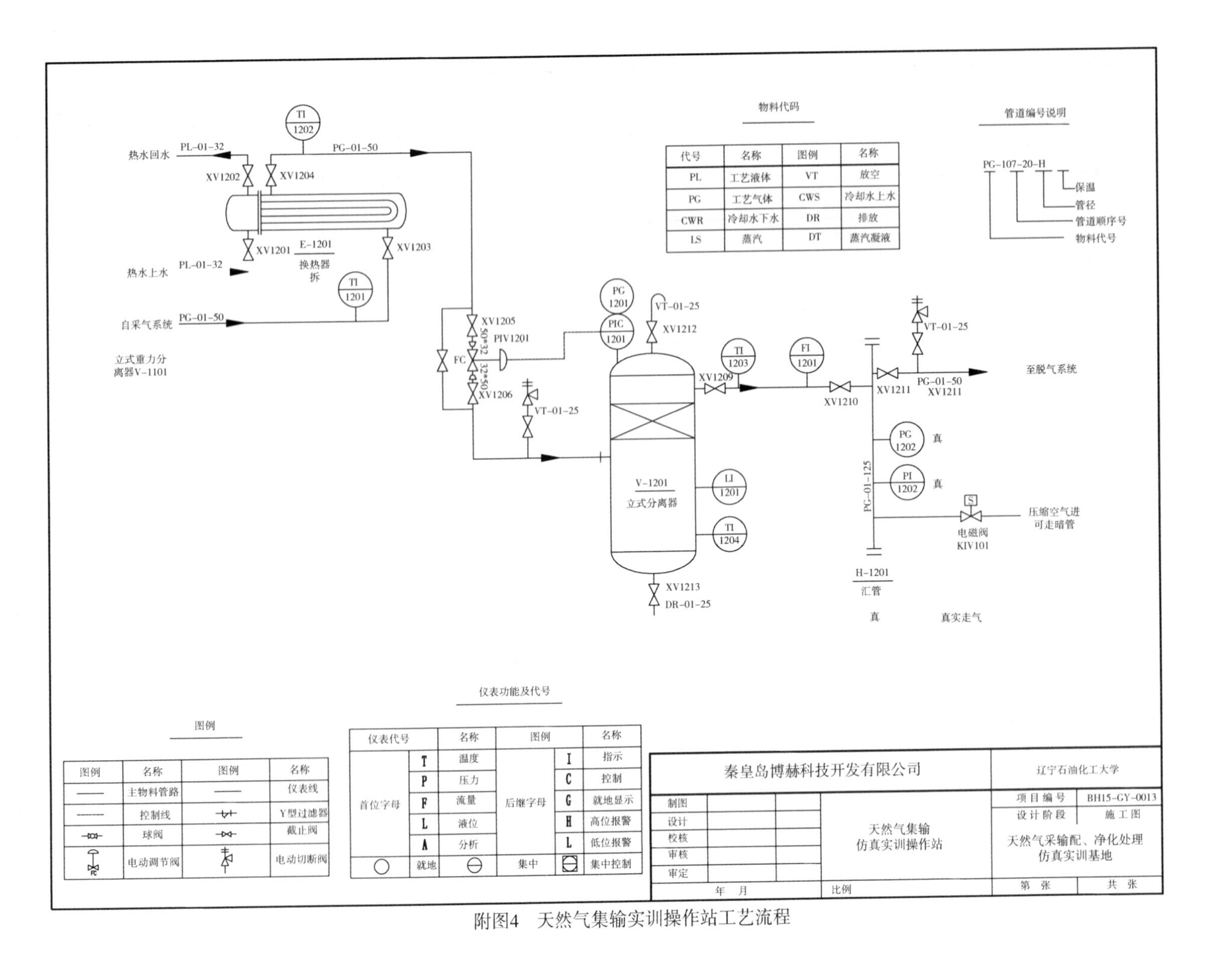

附图4 天然气集输实训操作站工艺流程

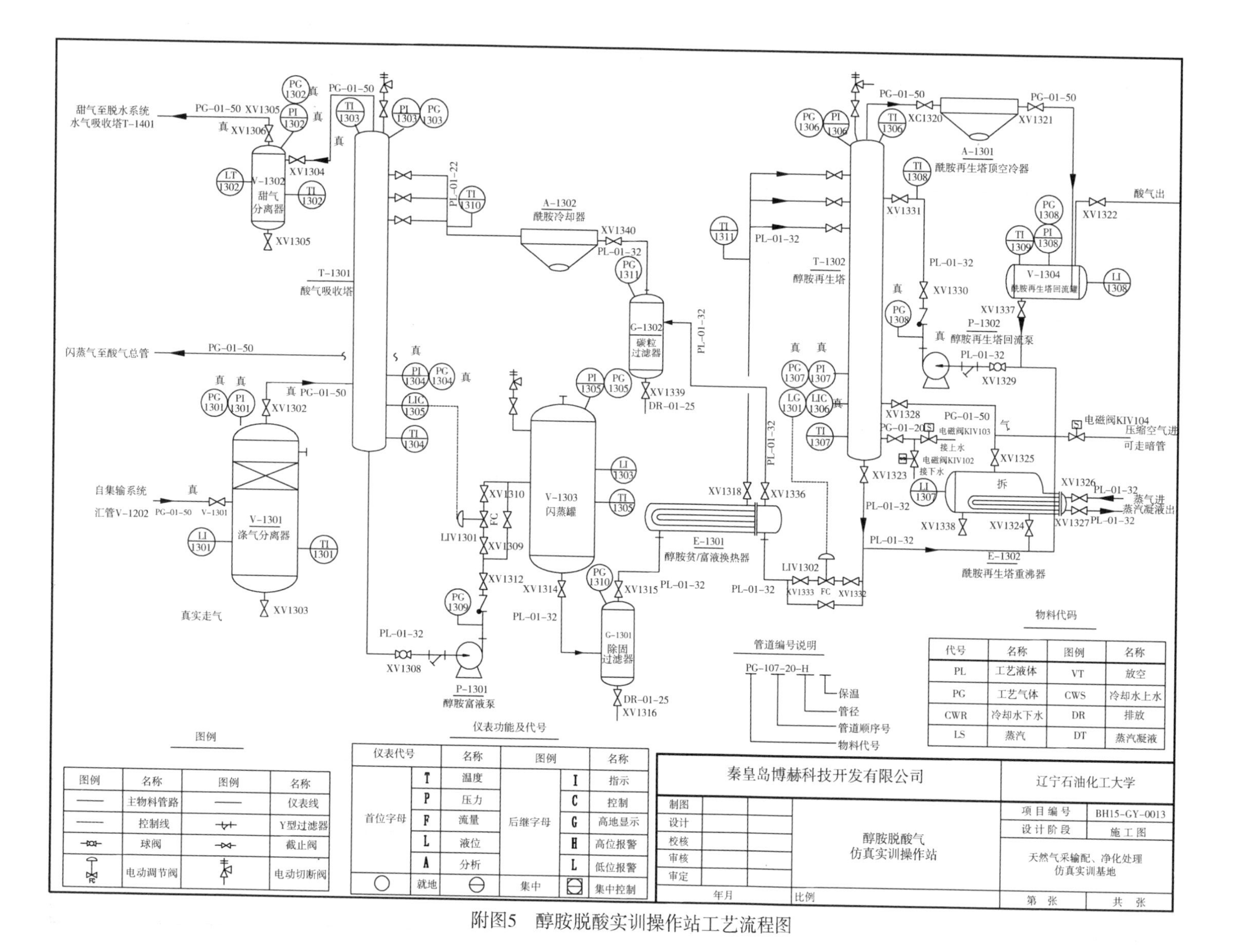

附图5 醇胺脱酸实训操作站工艺流程图

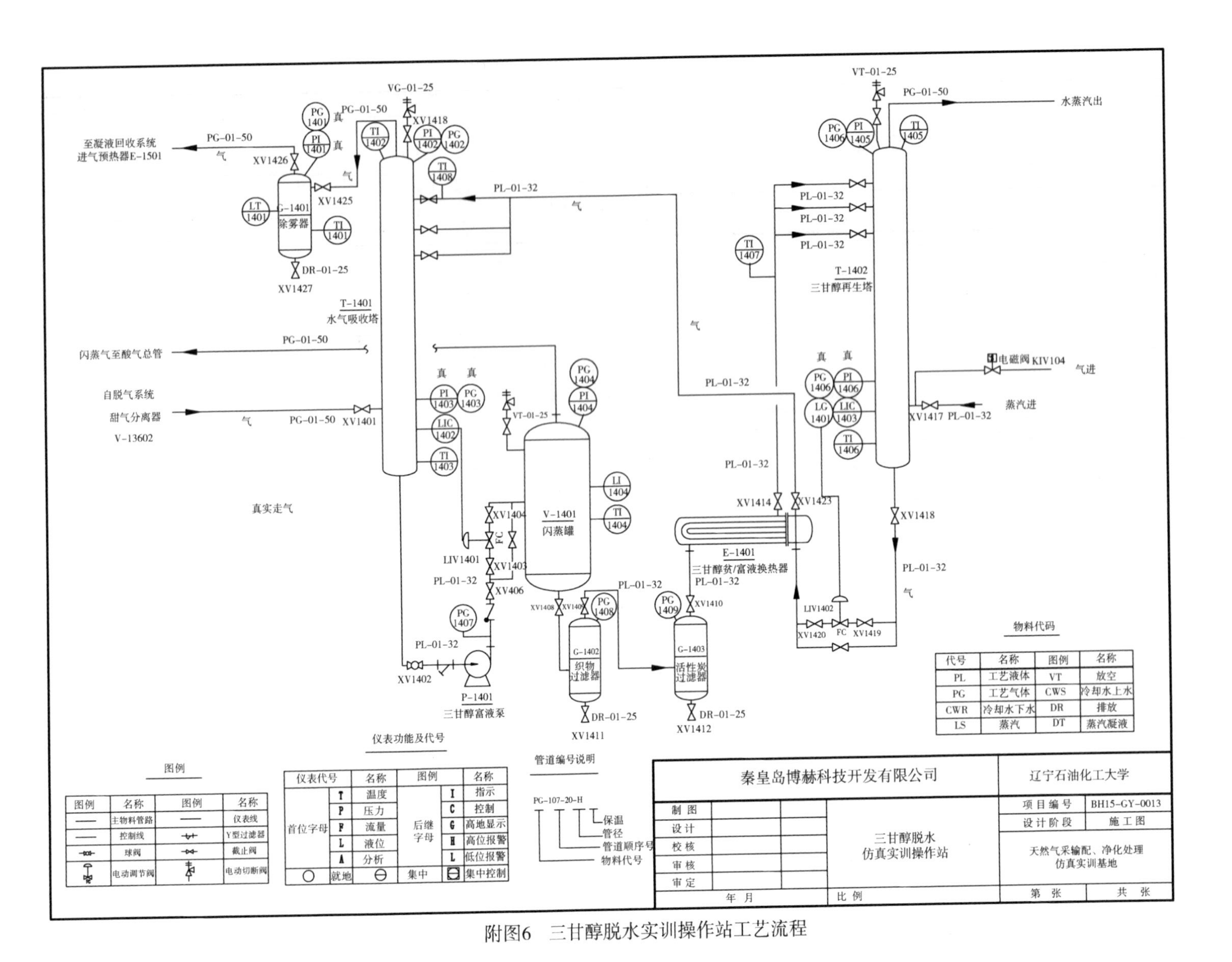

附图6　三甘醇脱水实训操作站工艺流程

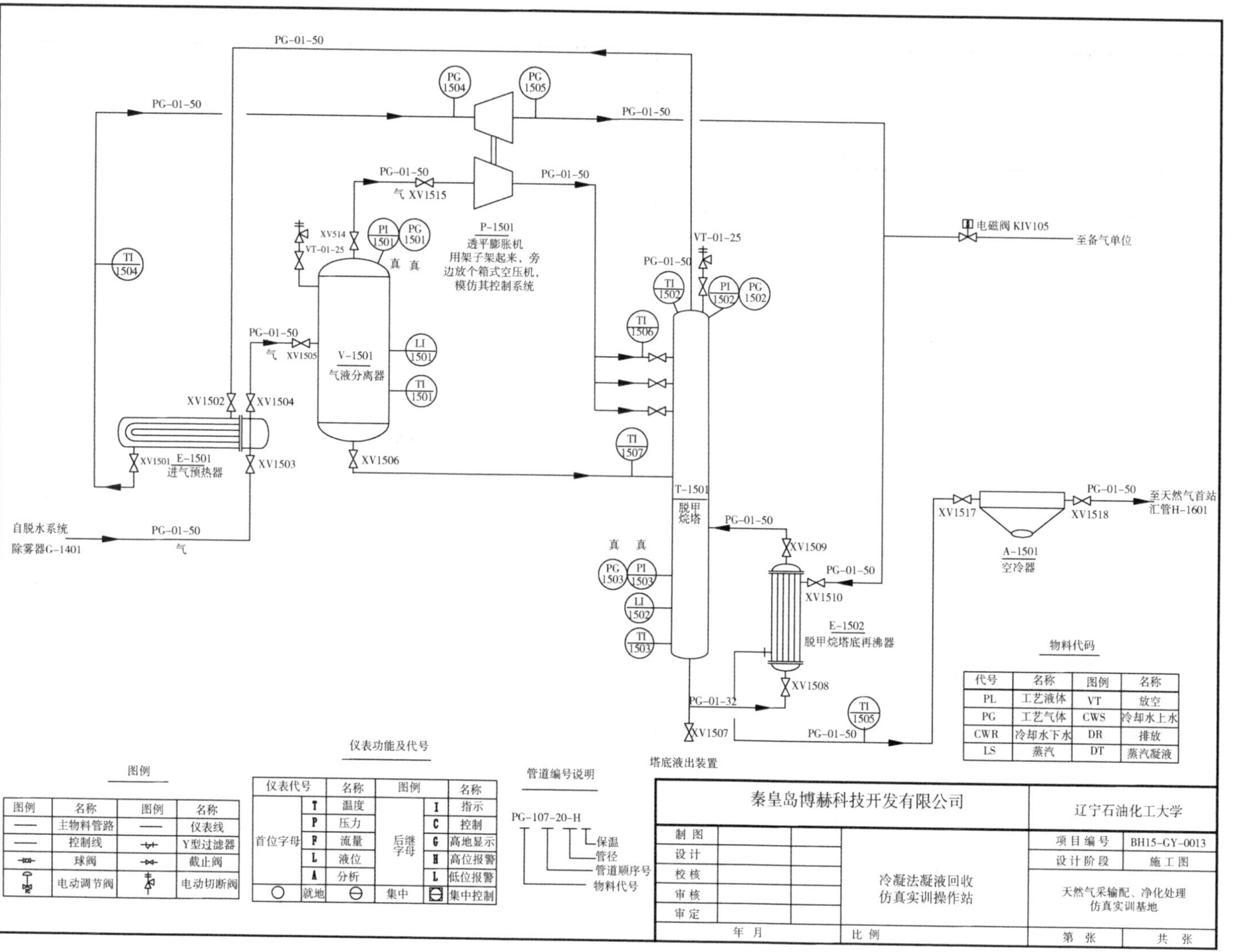

附图7 凝液回收系统实训操作站工艺流程图

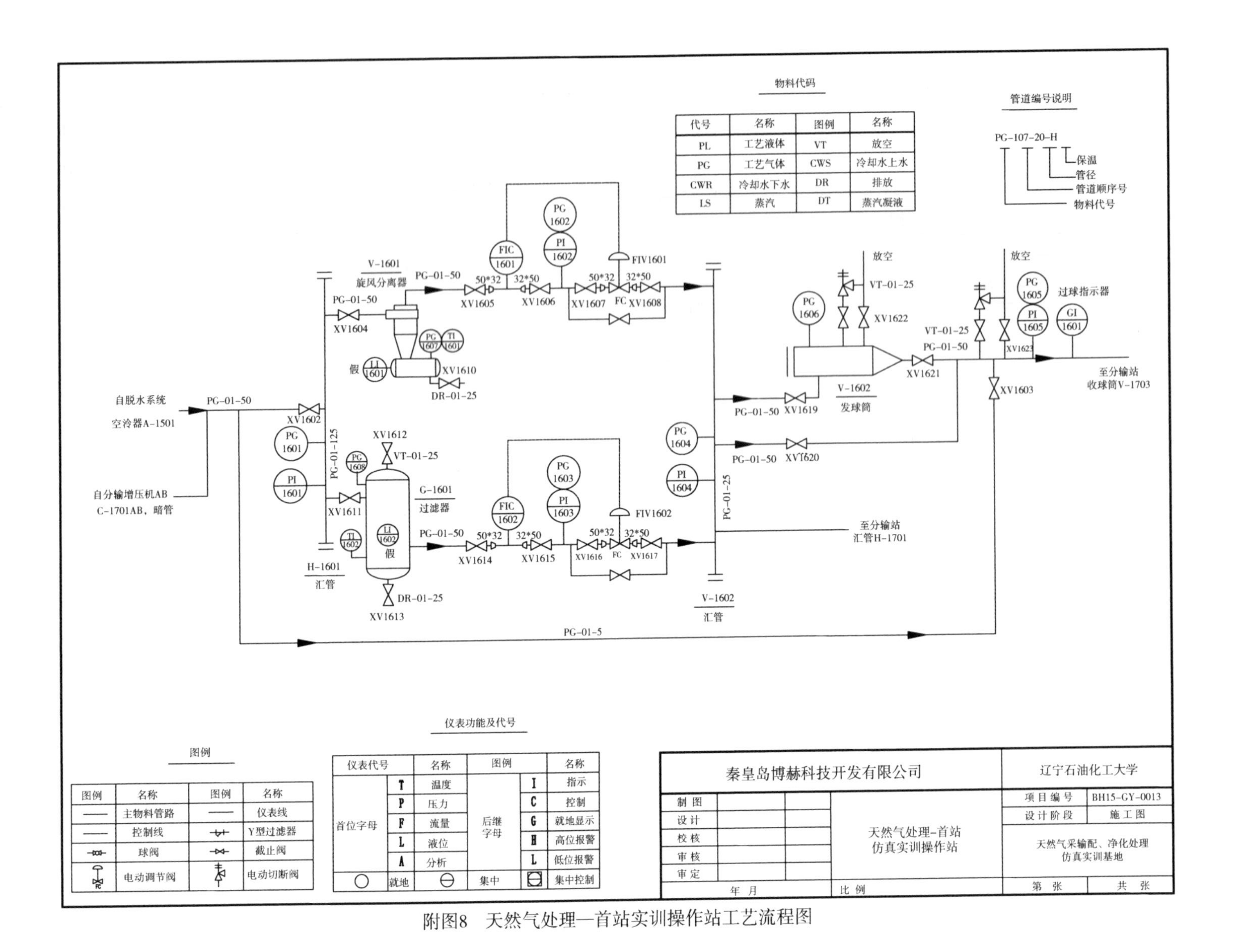

物料代码

代号	名称	图例	名称
PL	工艺液体	VT	放空
PG	工艺气体	CWS	冷却水上水
CWR	冷却水下水	DR	排放
LS	蒸汽	DT	蒸汽凝液

图例

图例	名称	图例	名称
——	主物料管路	——	仪表线
——	控制线		Y型过滤器
	球阀		截止阀
	电动调节阀		电动切断阀

仪表功能及代号

仪表代号		名称	图例		名称
首位字母	T	温度	后继字母	I	指示
	P	压力		C	控制
	F	流量		G	就地显示
	L	液位		H	高位报警
	A	分析		L	低位报警
○	就地	⊖	集中	⊟	集中控制

附图8　天然气处理—首站实训操作站工艺流程图

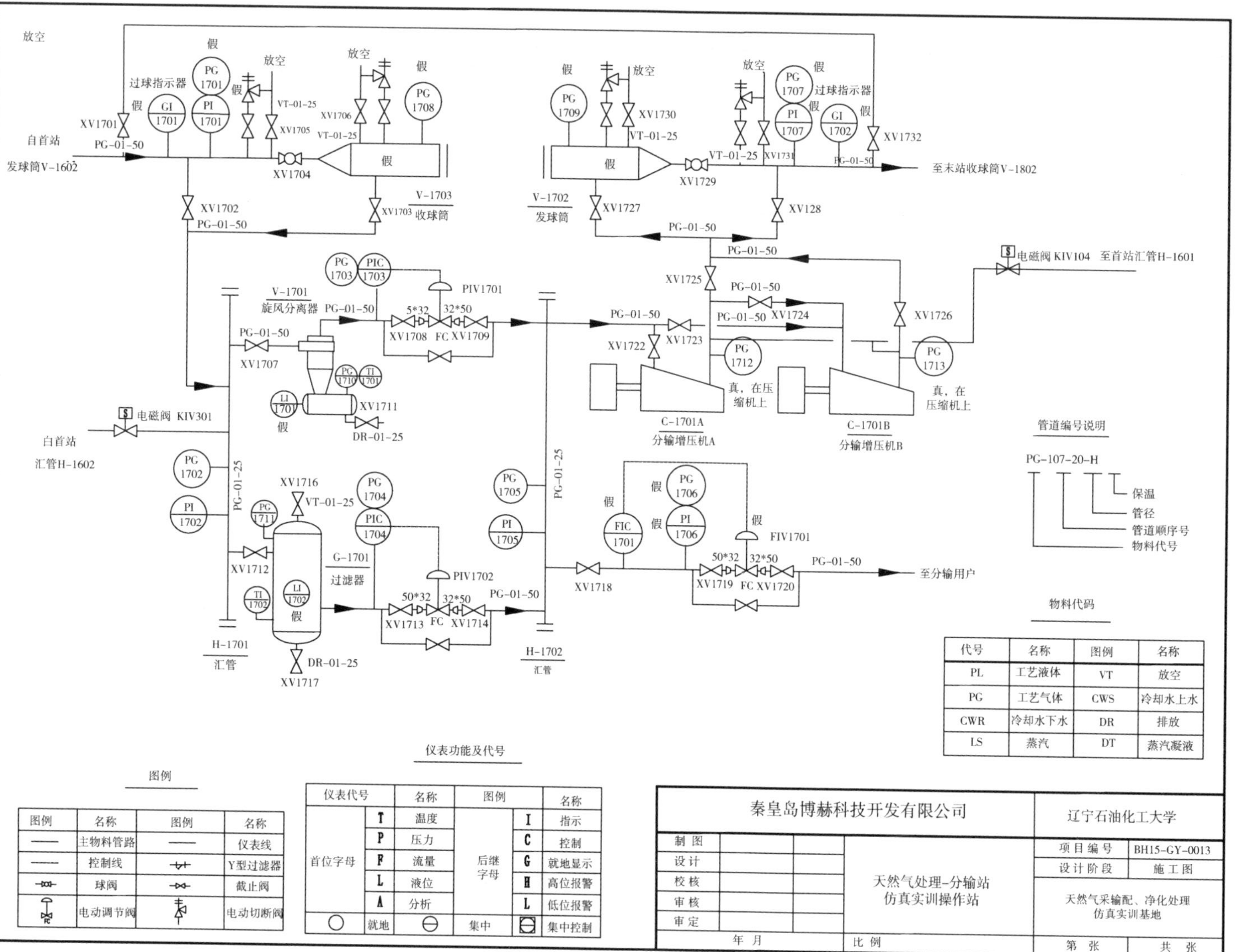

附图9　天然气处理—分输站工艺流程图

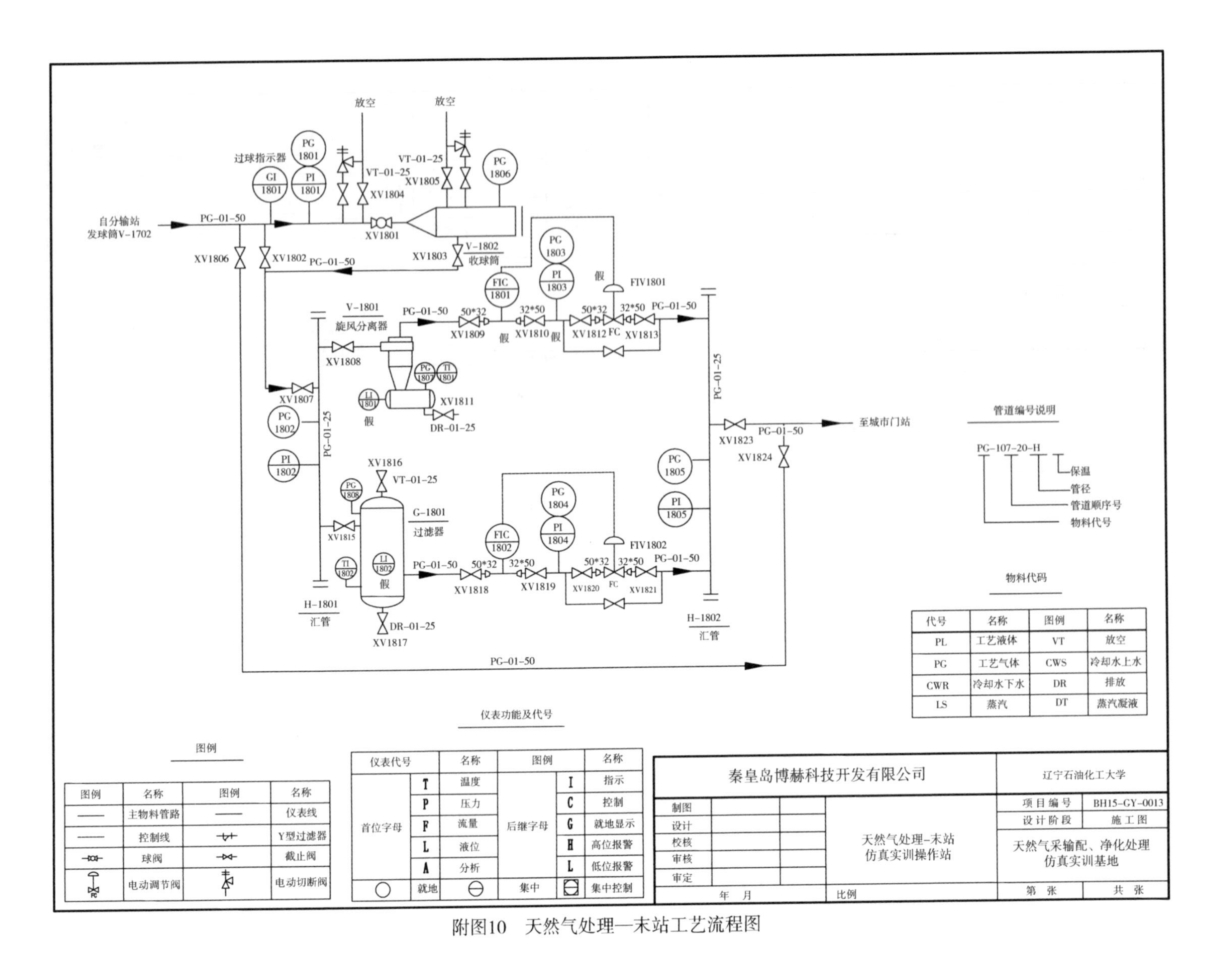

附图10 天然气处理—末站工艺流程图

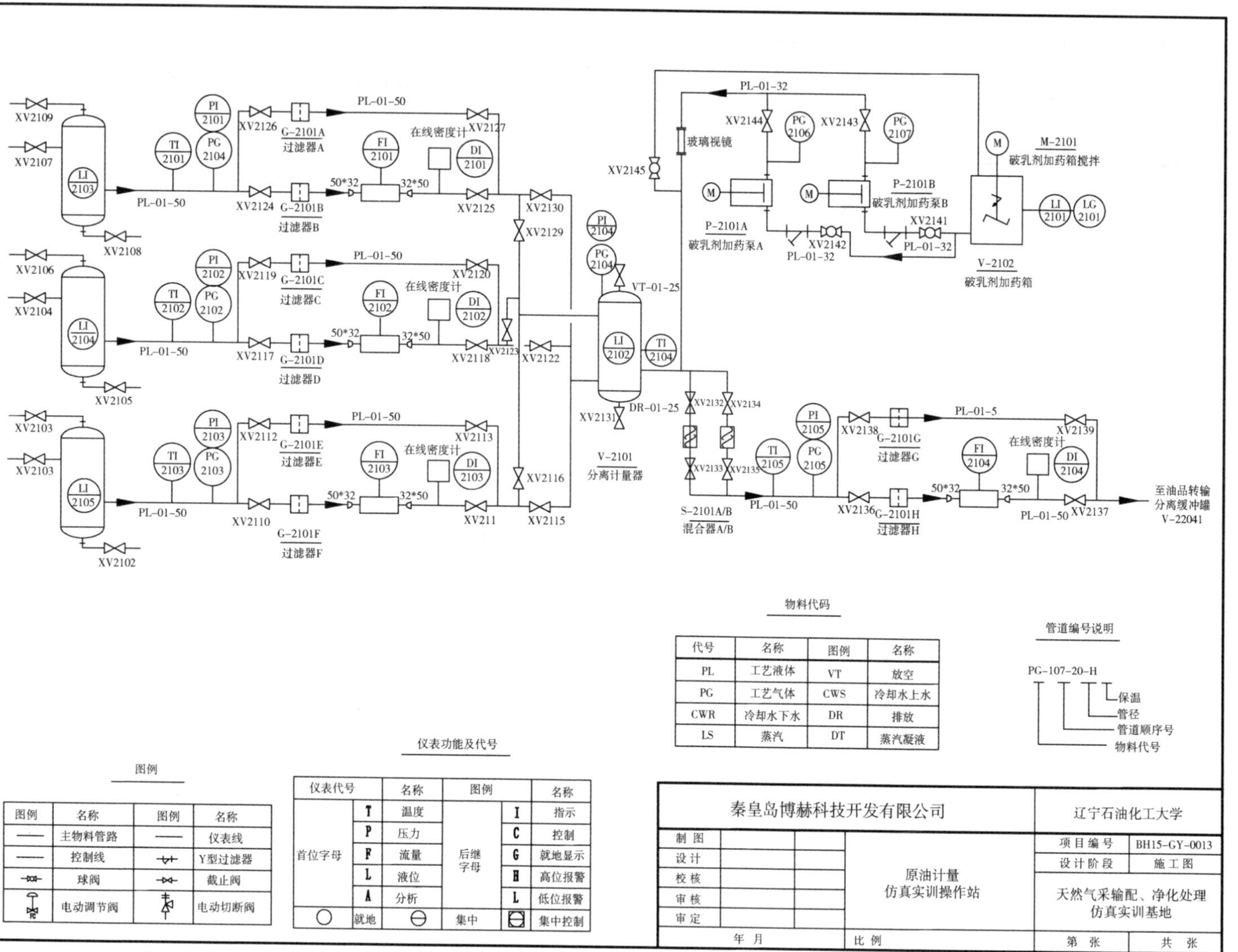

附图11 原油计量实训操作站工艺流程图

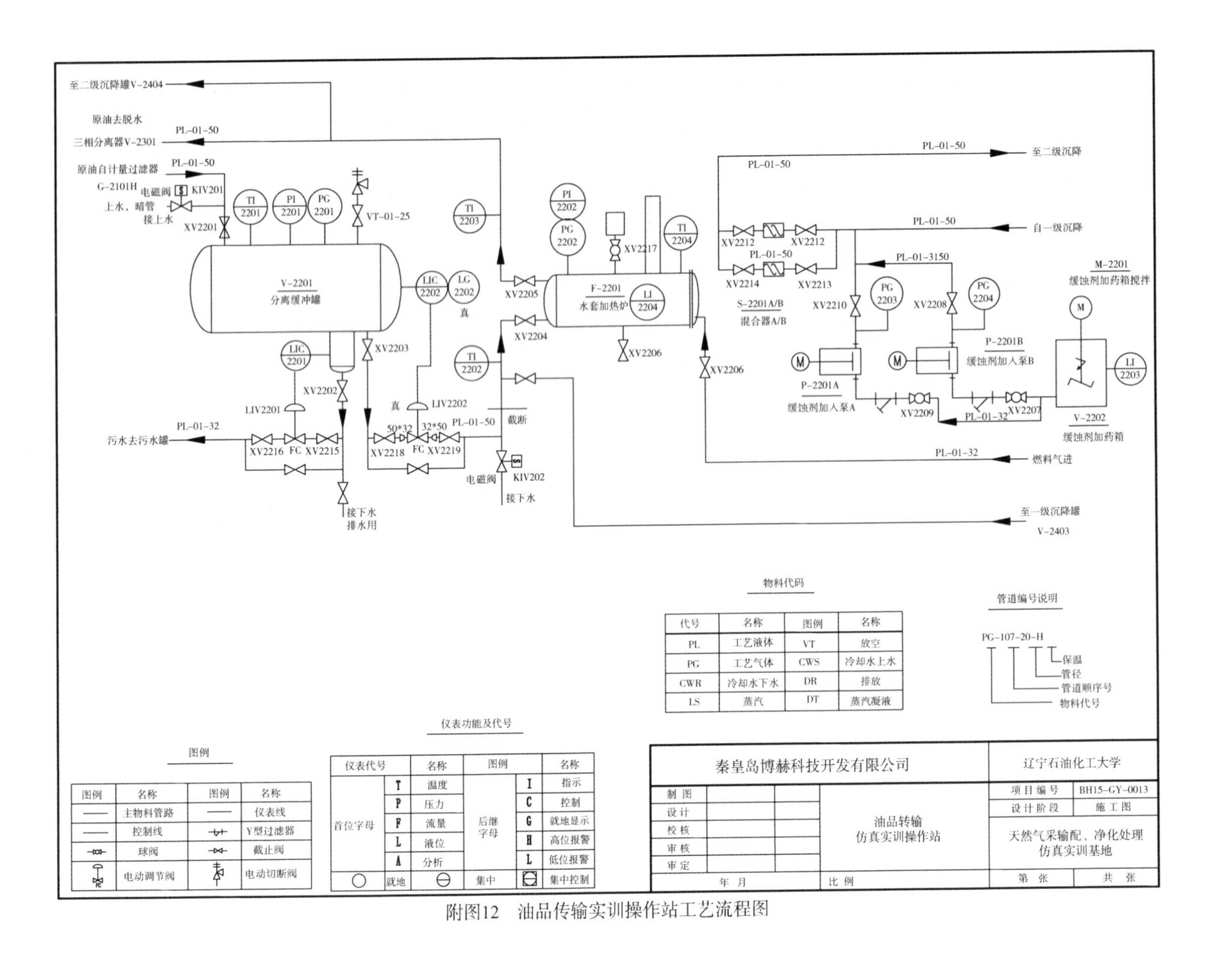

物料代码

代号	名称	图例	名称
PL	工艺液体	VT	放空
PG	工艺气体	CWS	冷却水上水
CWR	冷却水下水	DR	排放
LS	蒸汽	DT	蒸汽凝液

仪表功能及代号

仪表代号		名称	图例		名称
首位字母	T	温度	后继字母	I	指示
	P	压力		C	控制
	F	流量		G	就地显示
	L	液位		H	高位报警
	A	分析		L	低位报警
○	就地	⊖	集中		集中控制

图例

图例	名称	图例	名称
——	主物料管路	——	仪表线
——	控制线		Y型过滤器
	球阀		截止阀
	电动调节阀		电动切断阀

附图12　油品传输实训操作站工艺流程图

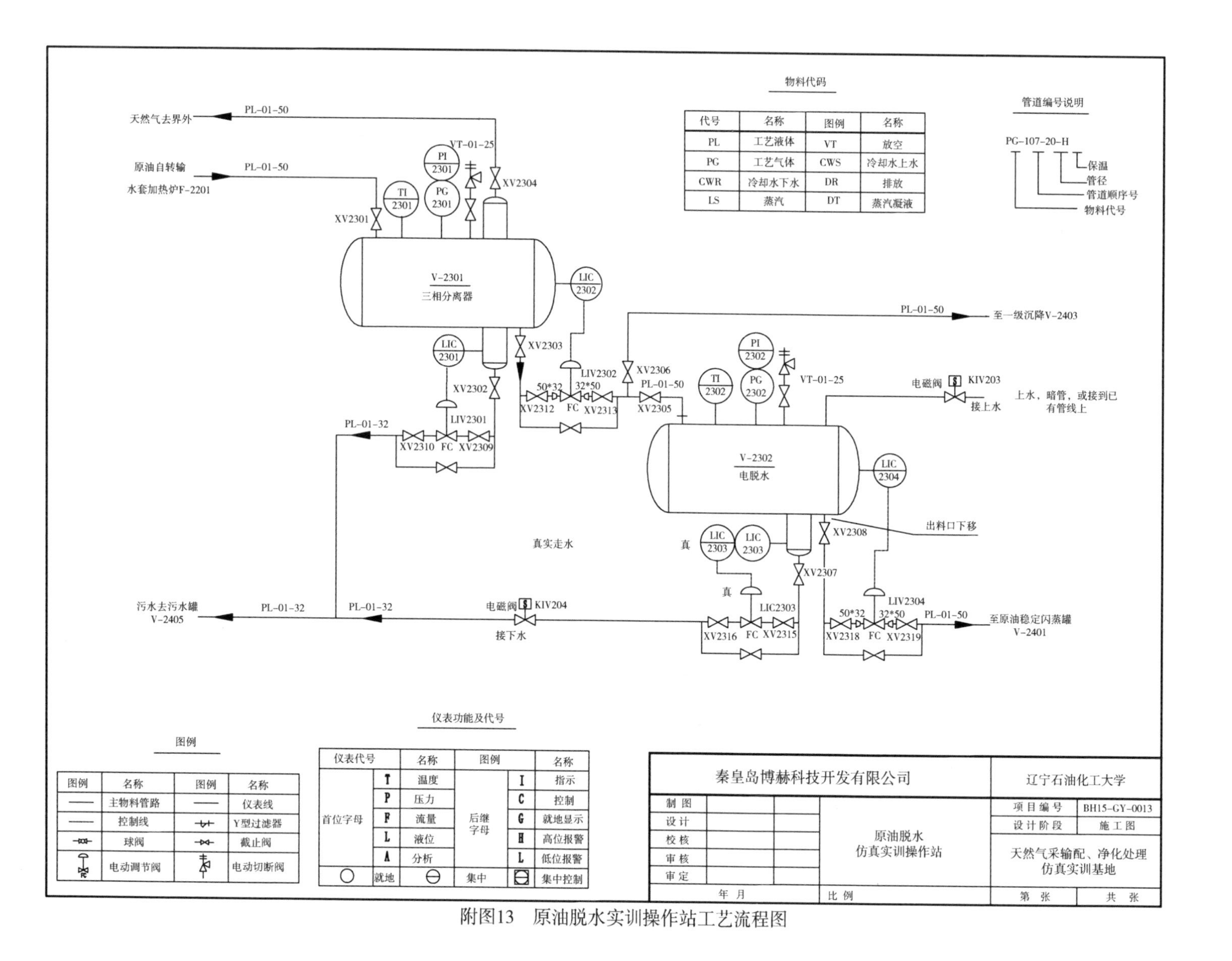

附图13 原油脱水实训操作站工艺流程图

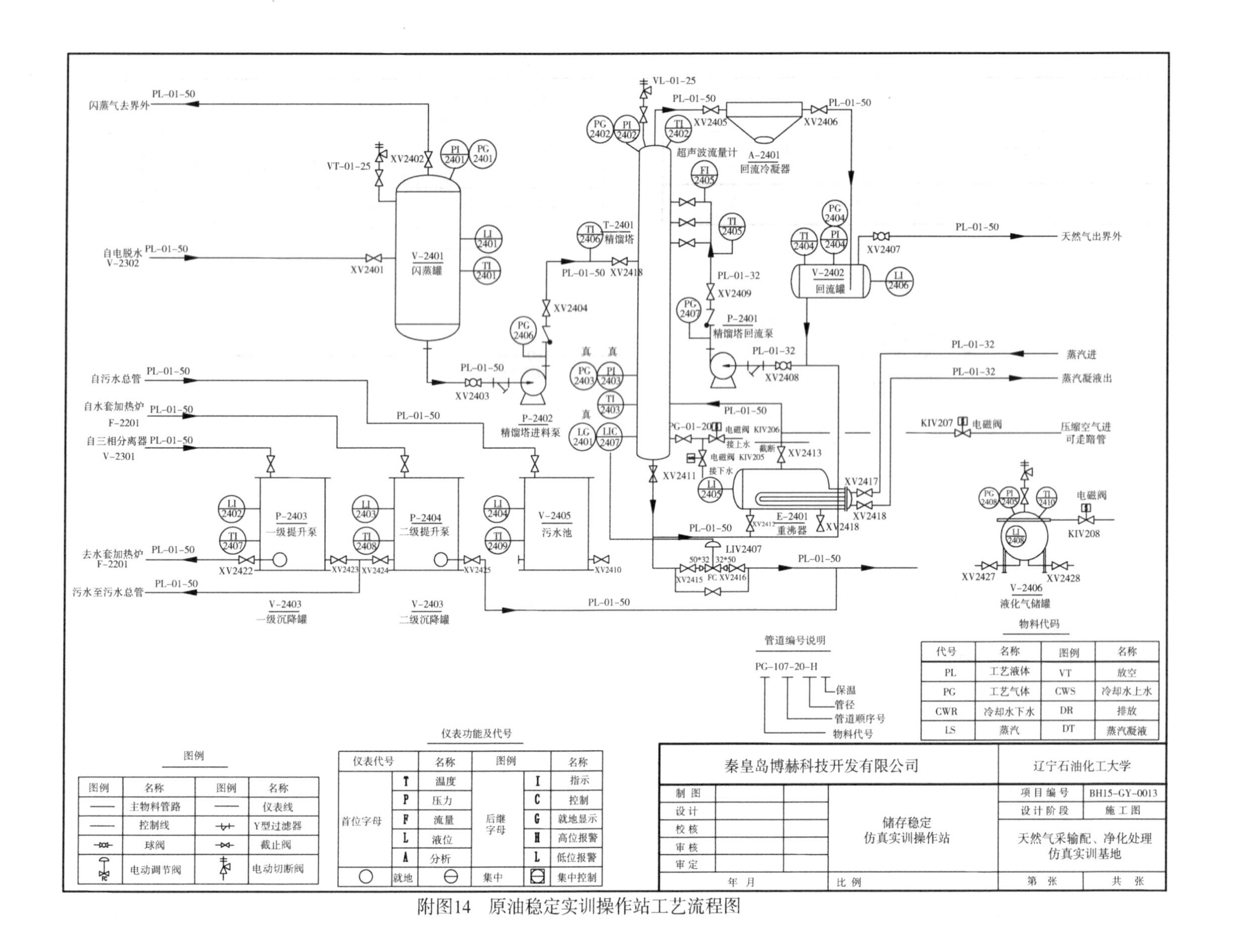

物料代码

代号	名称	图例	名称
PL	工艺液体	VT	放空
PG	工艺气体	CWS	冷却水上水
CWR	冷却水下水	DR	排放
LS	蒸汽	DT	蒸汽凝液

图例

图例	名称	图例	名称
——	主物料管路	——	仪表线
——	控制线	—⊬—	Y型过滤器
—⋈—	球阀	—⋈—	截止阀
	电动调节阀		电动切断阀

仪表功能及代号

仪表代号		名称	图例		名称
首位字母	T	温度	后继字母	I	指示
	P	压力		C	控制
	F	流量		G	就地显示
	L	液位		H	高位报警
	A	分析		L	低位报警
○	就地	⊖	集中		集中控制

秦皇岛博赫科技开发有限公司				辽宁石油化工大学	
制 图			储存稳定 仿真实训操作站	项 目 编 号	BH15-GY-0013
设 计				设 计 阶 段	施 工 图
校 核				天然气采输配、净化处理 仿真实训基地	
审 核					
审 定					
年 月			比 例	第 张	共 张

附图14　原油稳定实训操作站工艺流程图

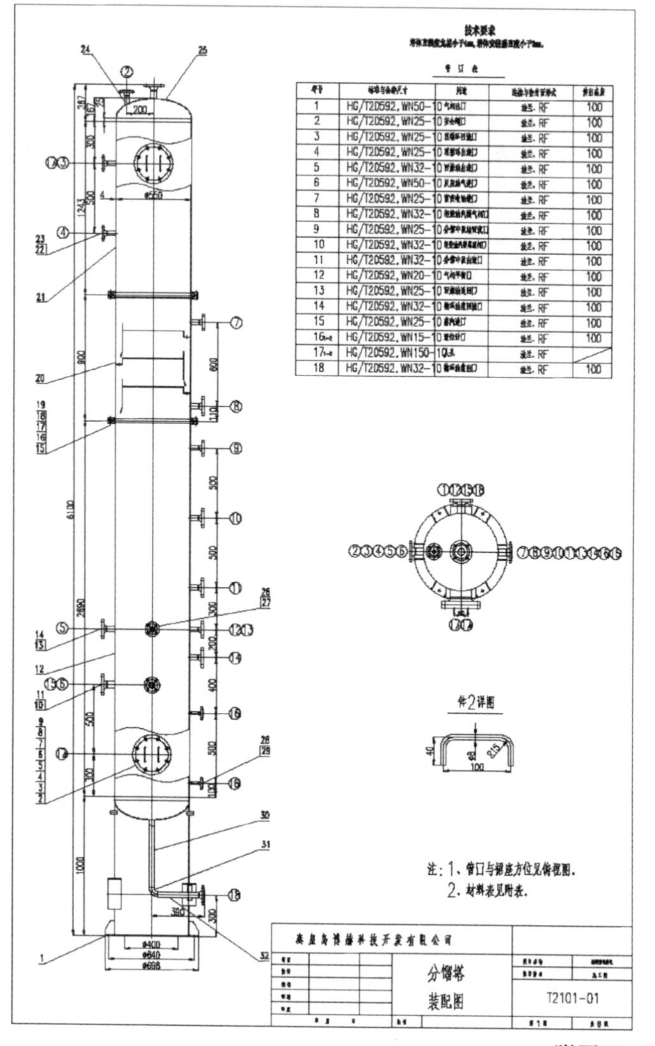

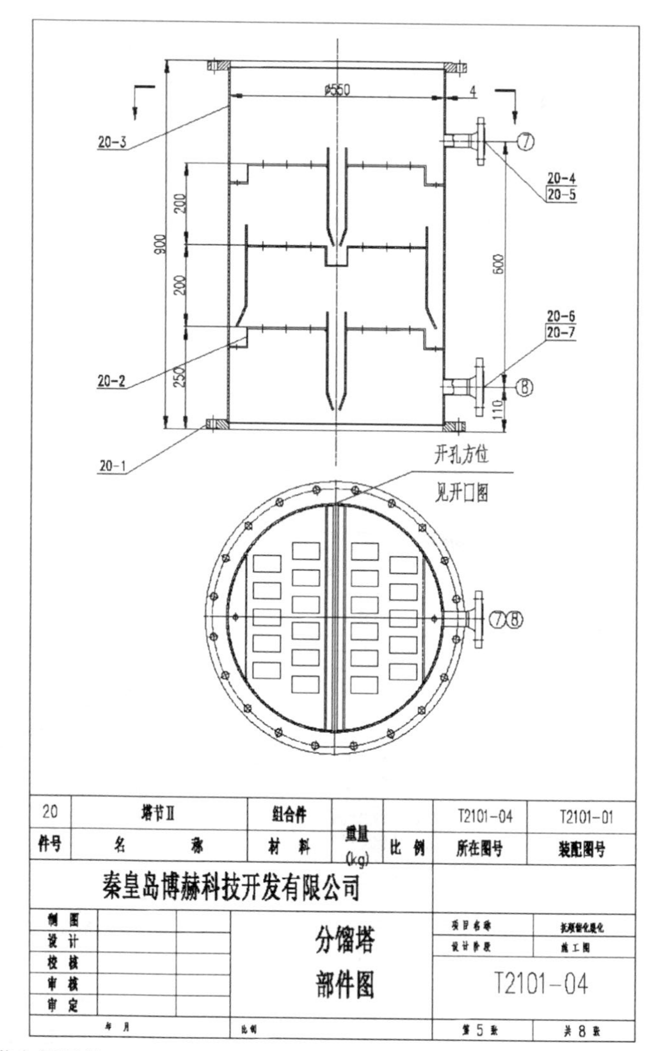

附图15　稳定塔内部结构

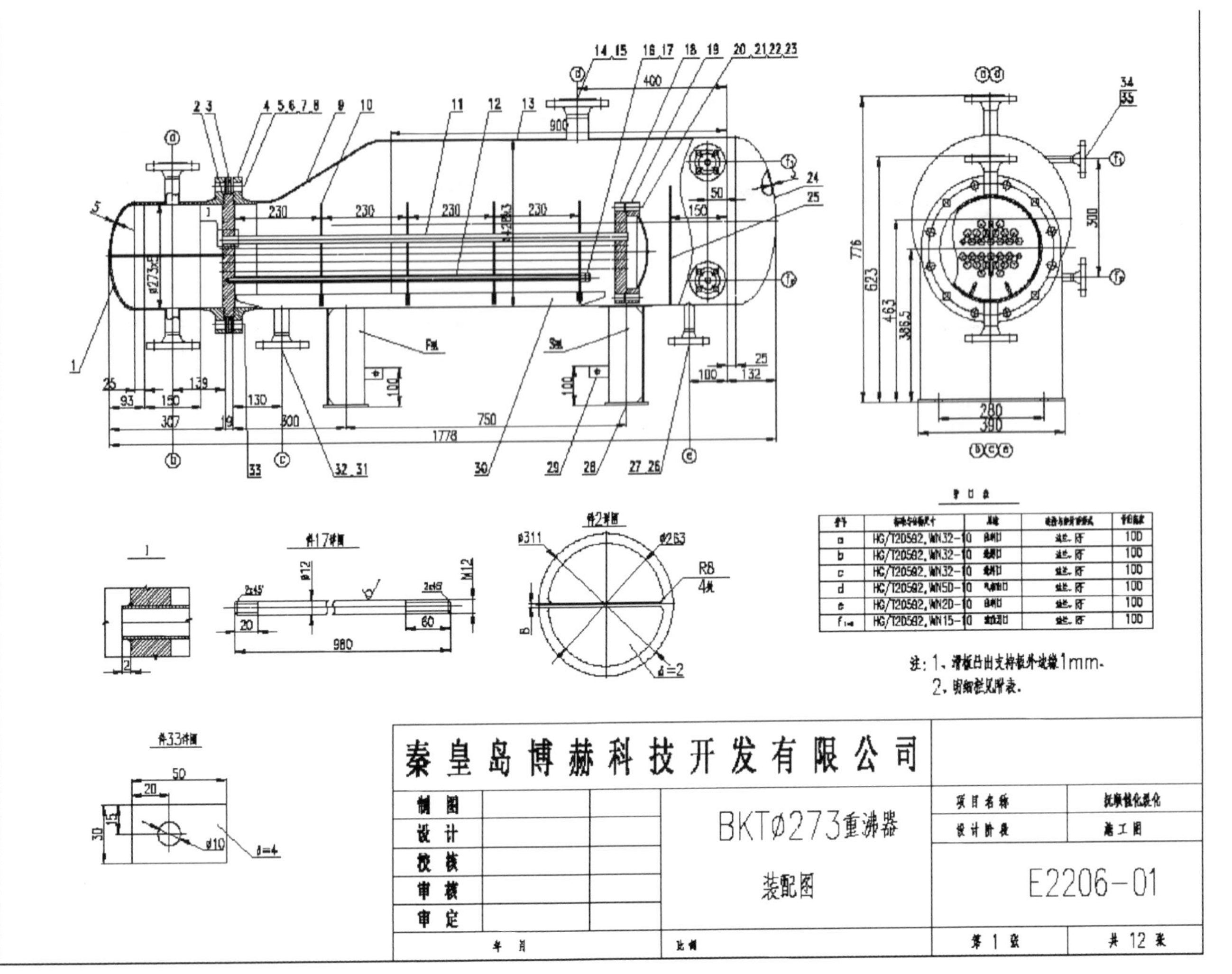

附图16 再沸器内部结构

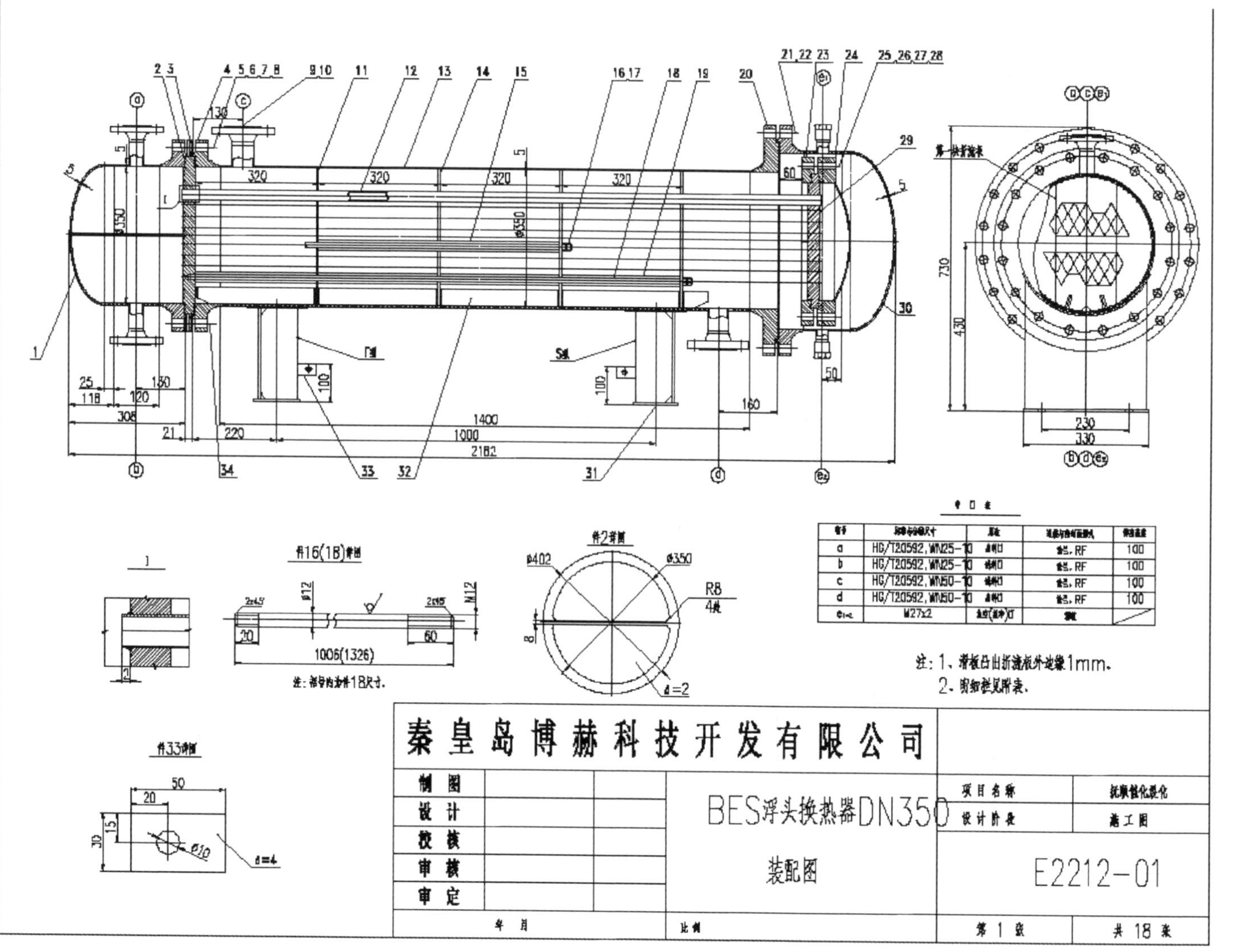

附图17　换热器内部结构

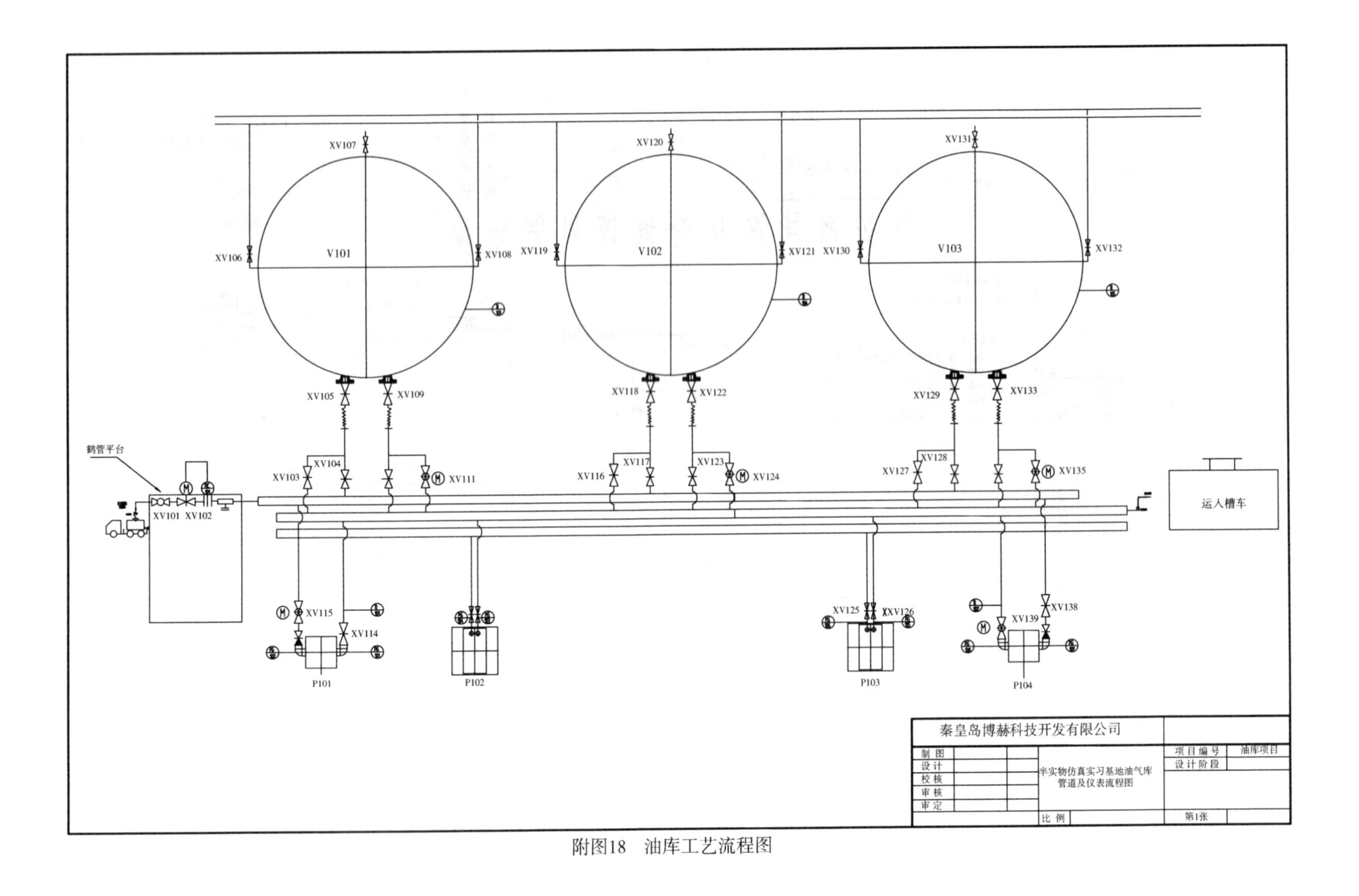

附图18 油库工艺流程图

参　考　文　献

[1] 杨筱蘅. 输油管道设计与管理[M]. 青岛：中国石油大学出版社，2006.
[2] 李玉星等. 输气管道设计与管理[M]. 第2版. 青岛：中国石油大学出版社，2009.
[3] 李士伦等. 天然气工程[M]. 北京：石油工业出版社，2008.
[4] 冯叔初等. 油气集输与矿场加工[M]. 第2版. 青岛：中国石油大学出版社，2006.
[5] 严大凡等. 油气储运工程[M]. 北京：中国石化出版社，2013.
[6] 李长俊. 天然气管道输送[M]. 第2版. 北京：石油工业出版社，2000.
[7] 汪楠等. 油库技术与管理[M]. 北京：中国石化出版社，2014.
[8] 郭光臣等. 油库设计与管理[M]. 东营：石油大学出版社，1994.
[9] 许行. 油库设计与管理[M]. 北京：中国石化出版社，2009.